もくじと学習の記録

JN026669

本書に関する最新情報は、小社ホームページにある**本書の「サポート情報」**をご覧ください。（開設していない場合もございます。）
なお、この本の内容についての責任は小社にあり、内容に関するご質問は直接小社におよせください。

5年の復習 ①

1 数のしくみについて，次の□にあてはまる言葉を答えなさい。(10点/1つ5点)

(1) 小数や整数を 10 倍，100 倍，1000 倍，……すると，小数点は□へそれぞれ 1 けた，2 けた，3 けた，……うつります。

(2) 小数や整数を $\frac{1}{10}$ 倍，$\frac{1}{100}$ 倍，……すると，小数点は□へそれぞれ 1 けた，2 けた，……うつります。

2 右の図形の体積の求め方について，花子さんは「大きな直方体の体積から小さな直方体の体積をひけば求められる。」と考えました。この考え方にしたがって，式を書き，図形の体積を求めなさい。(10点)

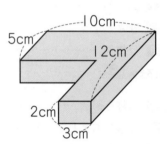

式〔　　　　　　　　　　　　　　　　〕

答え〔　　　　　　　　〕

3 1m の値段（ねだん）が 80 円のリボンがあります。(10点/1つ5点)

(1) このリボンを 1.25m 買ったときの，代金はいくらですか。

〔　　　　　　　　〕

(2) このリボンを買ったときに 192 円はらいました。買ったリボンの長さは何 m ですか。

〔　　　　　　　　〕

4 6.5 にある数をかけるのをまちがえて，その数をたしてしまったので，答えが 12.3 になりました。正しく計算した場合の答えを求めなさい。(10点)

〔　　　　　　　　〕

5 ある液体 1.7L の重さをはかったところ，3.2kg ありました。この液体 1L あたりの重さは何 kg ですか。四捨五入して，上から 2 けたのがい数で求めなさい。

(10 点)

[　　　　　]

6 まりこさんは 7.2km の道のりを歩くのに 2 時間かかります。かおるさんは 2000m の道のりを歩くのに 30 分かかります。2 人のうちどちらのほうが速く歩きますか。(10 点)

[　　　　　]

7 右の表は，水そうに水を入れた時間とたまった水の量を表したものです。水を入れた時間を□分，たまった水の量を○L として，□と○の関係を式に表しなさい。(10 点)

時　間(分)	1	2	3	…	10
水の量(L)	3	6	9	…	30

[　　　　　]

8 縦 18cm，横 45cm の長方形から，同じ大きさの正方形をあまりがでないように切り取るとき，最も大きな正方形の 1 辺の長さは何 cm になりますか。また，正方形は何個切り取ることができますか。(14 点 / 1 つ 7 点)

1 辺の長さ [　　　　　]　　　正方形の数 [　　　　　]

9 ある駅をバスは 6 分ごとに，電車は 8 分ごとに出発します。午前 8 時にバスと電車がこの日はじめて同時に駅を出発しました。(16 点 / 1 つ 8 点)

(1) 2 回目に同時に出発するのは何時何分ですか。

[　　　　　]

(2) 5 回目に同時に出発するのは何時何分ですか。

[　　　　　]

5年の復習 ②

1 まことさんのテストの結果は算数 96 点，国語 82 点，理科 90 点，社会 88 点でした。(14点/1つ7点)

(1) 算数，国語，理科，社会の 4 科目の平均点を求めなさい。

〔　　　　　　　　　〕

(2) 英語のテストが返ってきたところ，5 科目の平均点が 88 点になりました。英語のテストは何点でしたか。

〔　　　　　　　　　〕

2 りょうたさんが A，B，C，D，E，F，G の 7 個のりんごの重さを調べてみると，それぞれ 302g，306g，300g，316g，310g，311g，304g でした。りょうたさんはこれらのりんご 7 個の重さの平均を求めようとしています。

(14点/1つ7点)

(1) 下の表は，りょうたさんが 300g のりんご C を基準にして，7 個のりんごの重さを仮の重さで表したものです。表の**ア～ウ**にあてはまる数を答えなさい。

	A	B	C	D	E	F	G
重さ(g)	302	306	300	316	310	311	304
仮の重さ(g)	2	6	0	ア	イ	11	ウ

ア〔　　　　　〕イ〔　　　　　　〕ウ〔　　　　　　〕

(2) 仮の重さを使って，式を書き，りんご 7 個の重さの平均を求めなさい。

式〔　　　　　　　　　〕答え〔　　　　　　〕

3 赤いテープの長さは $\frac{4}{5}$ m で，青いテープの長さは $\frac{2}{3}$ m でした。(16点/1つ8点)

(1) 赤いテープと青いテープの長さを合わせると何 m になりますか。

〔　　　　　　　　　〕

(2) どちらのテープがどれだけ長いですか。

〔　　　　　　　　　〕

4 ある品物に仕入れ値の 30% の利益を見込んで 6500 円の定価をつけました。

(16点 /1つ8点)

(1) この品物の仕入れ値を求めなさい。

〔　　　　　　　　　〕

(2) この品物を定価の 20% 引きで売りました。利益を求めなさい。

〔　　　　　　　　　〕

5　底辺が 10cm, 高さが 6cm の三角形があります。(16点 /1つ8点)

(1) 底辺を 2cm, 高さを 1cm 短くした三角形の面積を求めなさい。

〔　　　　　　　　　〕

(2) (1)でできた三角形の面積はもとの三角形の面積の何%ですか。四捨五入して, 小数第 1 位まで求めなさい。

〔　　　　　　　　　〕

6　右の図のように, 半径の異なる半円を組み合わせた形で, A から B へ行く方法が㋐, ㋑, ㋒の 3 つあります。それぞれの方法で A から B へ行く道のりを求めなさい。ただし, 円周率は 3.14 とします。(24点 /1つ8点)

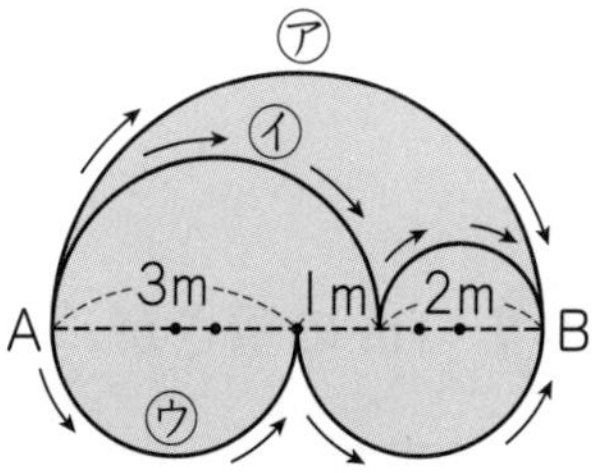

㋐ 〔　　　　　　　〕 ㋑ 〔　　　　　　　〕 ㋒ 〔　　　　　　　〕

5

分数のかけ算

ステップ 1

1 公園に，縦 $\frac{3}{4}$ m，横 $\frac{7}{5}$ m の長方形の花だんがあります。この花だんの面積を求めなさい。

〔　　　　　　　〕

2 底辺が $\frac{4}{15}$ cm，高さが $\frac{3}{8}$ cm の平行四辺形があります。この平行四辺形の面積を求めなさい。

〔　　　　　　　〕

3 $\frac{1}{3}$ L のジュースが入ったコップが 9 個あります。コップに入っているジュースは全部で何 L になりますか。

〔　　　　　　　〕

4 さとしさんは全部で 100 ページある本の $\frac{1}{5}$ を読み終えました。さとしさんが読んだページ数を求めなさい。

〔　　　　　　　〕

5 1m の重さが $\frac{2}{3}$ kg の金属があります。この金属 $\frac{3}{4}$ m の重さは何 kg になりますか。

〔　　　　　　　〕

6 ある水そうに1分あたり$\frac{2}{5}$Lずつ水を入れていきます。2分30秒後には，何Lの水が入っていますか。

〔　　　　　　〕

7 ろうそくが1分間に1.25cmずつ燃えて短くなっていきます。32秒間では何cm短くなりますか。分数で答えなさい。

〔　　　　　　〕

8 1時間に$\frac{80}{3}$Lずつ水をくみ上げるポンプがあります。このポンプを2台使うと，15分間で何Lの水をくみ上げることができますか。

〔　　　　　　〕

9 みちこさんの家から公園までの道のりは$\frac{5}{8}$kmで，公園から学校までの道のりは，みちこさんの家から公園までの道のりの$\frac{4}{5}$倍です。みちこさんの家から公園の前を通って学校へ行くときの道のりは何kmですか。

〔　　　　　　〕

 確認しよう　　分数のかけ算は，分母どうし，分子どうしをかけます。$\frac{B}{A}\times\frac{D}{C}=\frac{B\times D}{A\times C}$

3つ以上の分数のかけ算は，まとめて計算します。$\frac{B}{A}\times\frac{D}{C}\times\frac{F}{E}=\frac{B\times D\times F}{A\times C\times E}$

とちゅうで約分できるときは，約分をしてから計算を進めていきます。

ステップ2

⏰時 間 30分　✏得 点
👍合 格 80点　　　　点

1 1gのおもりをつるすと, $\frac{3}{50}$ cm のびるばねがあります。おもりをつるしていないときのばねの長さは 30cm です。(30点/1つ10点)

(1) このばねに 100g のおもりをつるすと, ばねは何 cm のびますか。

〔　　　　　　　〕

(2) このばねに 100g のおもりをつるすと, ばねの長さは何 cm になりますか。

〔　　　　　　　〕

(3) このばねに 45g のおもりをつるすと, ばねの長さは何 cm になりますか。

〔　　　　　　　〕

2 A, B, C の 3 本のテープがあります。A のテープの長さは 24cm です。B のテープの長さは A のテープの長さの $\frac{4}{3}$ 倍, C のテープの長さは B のテープの長さの $\frac{5}{8}$ 倍になっています。(20点/1つ10点)

(1) B のテープの長さは何 cm ですか。

〔　　　　　　　〕

(2) 3 本のテープをのりでつないで 1 本にします。のりしろの長さをどこも $\frac{9}{4}$ cm にすると, でき上がったテープの長さは何 cm になりますか。

〔　　　　　　　〕

3 $\dfrac{15}{4}$, $\dfrac{25}{12}$ のどちらにかけても，積が整数となるような分数のうち，最も小さいものを求めなさい。(10点)

〔　　　　　〕

4 たかおさんは毎日，朝に 0.2L，昼に $\dfrac{1}{3}$ L ずつ牛乳を飲みます。妹は，朝と昼にそれぞれたかおさんの $\dfrac{3}{4}$ 倍の牛乳を飲みます。(20点/1つ10点)

(1) 妹は 1 日に何 L の牛乳を飲みますか。分数で答えなさい。

〔　　　　　〕

(2) 2 人合わせて，1 か月で何 L の牛乳を飲みますか。ただし，1 か月は 30 日とします。

〔　　　　　〕

5 400 ページある本を，かなさんは 1 日目に全体の $\dfrac{1}{4}$ を，2 日目にその残りの $\dfrac{2}{3}$ を，3 日目にその残りの $\dfrac{3}{5}$ を読み終えました。(20点/1つ10点)

(1) かなさんは，2 日目までに全部で何ページ読みましたか。

〔　　　　　〕

(2) まだ読んでいないページはどれだけ残っていますか。

〔　　　　　〕

分数のわり算

1 $\dfrac{5}{6}$ L のジュースを 3 人で分けます。1 人分のジュースは何 L になりますか。

2 $\dfrac{1}{4}$ m の重さが $\dfrac{2}{3}$ kg である鉄の棒があります。この鉄の棒 1 m の重さは何 kg になりますか。

3 $\dfrac{2}{3}$ L のペンキを使ってかべをぬると，12m² ぬることができました。

(1) 1L のペンキを使ってぬることができるかべの面積を求める式をつくりなさい。

(2) 下の図を使って，(1)でつくった式の計算のしかたを説明し，答えを求めなさい。

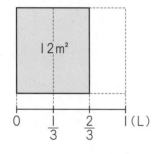

説明〔　　　　　　　　　　　〕

答え〔　　　　　〕

4 次のア～ウの計算で，商が $\dfrac{4}{5}$ より大きくなるものをすべて選び，記号で答えなさい。

ア $\dfrac{4}{5} \div \dfrac{6}{7}$

イ $\dfrac{4}{5} \div \dfrac{1}{2}$

ウ $\dfrac{4}{5} \div 1\dfrac{2}{5}$

〔　　　　　　〕

5 底辺の長さが $\dfrac{3}{4}$ cm で，面積が $\dfrac{15}{16}$ cm² の平行四辺形があります。この平行四辺形の高さを求めなさい。

〔　　　　　　〕

6 みほさんの家から図書館までの道のりは $\dfrac{7}{6}$ km で，家から郵便局までの道のりは $\dfrac{14}{15}$ km です。家から郵便局までの道のりは，家から図書館までの道のりの何倍ですか。

〔　　　　　　〕

7 車が 60km の道のりを進むのに，1 時間 15 分かかりました。この車の速さは時速何 km ですか。

〔　　　　　　〕

 確認しよう　分数のわり算は，わる数の逆数をかけます。$\dfrac{B}{A} \div \dfrac{D}{C} = \dfrac{B \times C}{A \times D}$

わり算とかけ算の混じった式では，逆数を使ってかけ算だけの式に直して，まとめて計算します。$\dfrac{B}{A} \div \dfrac{D}{C} \times \dfrac{F}{E} = \dfrac{B \times C \times F}{A \times D \times E}$

STEP 2

ステップ2

時 間 30分　合 格 80点　得 点　　　点

1 $\frac{4}{7}$ L の水の中に $\frac{1}{5}$ g の食塩がとけている食塩水があります。(20点/1つ10点)

(1) この食塩水 1L 中に何 g の食塩がとけていますか。

〔　　　　　　　〕

(2) 食塩 7g をとかして水の体積と食塩の重さが同じ比率の食塩水をつくるには，何 L の水が必要ですか。

〔　　　　　　　〕

2 2kg 入りのお米のふくろを買いました。キャンプに必要な 4 日分のお米を取り出したところ，ふくろに $\frac{14}{25}$ kg 残りました。キャンプでは，1 日あたり何 kg のお米を使いますか。(10点)

〔　　　　　　　〕

3 次の問いに答えなさい。(20点/1つ10点)

(1) $\frac{14}{15}$ と $1\frac{3}{4}$ のどちらをわっても，商が整数になる分数があります。このような分数のうちで最も大きいものを求めなさい。

〔　　　　　　　〕

(2) $\frac{75}{36}$ をかけても，$\frac{96}{135}$ でわっても整数になる分数のうち，最も小さい分数を求めなさい。

〔青山学院中〕

〔　　　　　　　〕

4 長さ $1\frac{1}{4}$ m のレールの重さをはかったところ 46.5kg ありました。$5\frac{5}{6}$ m では何 kg になりますか。(10点)

〔　　　　　〕

5 たつやさんはある数に $\frac{5}{12}$ をかけるのをまちがえて，ある数に $\frac{12}{5}$ をかけてしまい，積が $\frac{21}{10}$ になりました。正しく計算したときの答えを求めなさい。(10点)

〔　　　　　〕

6 ある液体 $\frac{5}{3}$ L が入っている容器の重さをはかったところ，$2\frac{5}{12}$ kg ありました。この液体から $\frac{1}{2}$ L を取り出して容器の重さをはかってみたところ，$1\frac{19}{24}$ kg になりました。この液体 1L あたりの重さは何 kg になりますか。(10点)

〔　　　　　〕

7 右のような三角形 ABC があります。

(20点 / 1つ 10点)

(1) 三角形 ABC の面積を求めなさい。

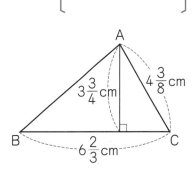

〔　　　　　〕

(2) 辺 AC を底辺としたときの高さを求めなさい。

〔　　　　　〕

3 文字と式

ステップ 1

1 次の数量を文字を使った式で表しなさい。

(1) 1本80円のえん筆を x 本買ったときの代金

〔　　　　　　　　〕

(2) y mL のジュースを4人で等分するときの，1人あたりのジュースの量

〔　　　　　　　　〕

(3) 1m あたり x 円のテープを4m買い，1500円出したときのおつり

〔　　　　　　　　〕

2 りょうたさんは本を毎日 x ページずつ5日間読み続けたので，残りのページ数が30ページになりました。この本のページ数は全部で何ページですか。x を使った式で表しなさい。

〔　　　　　　　　〕

3 縦 x m，横 5m の長方形があります。この長方形のまわりの長さを，x を使った式で表しなさい。

〔　　　　　　　　〕

4 $a×5+25$ の式で表されるものを，次の中から記号で選びなさい。

ア 1個 a 円のりんごを5個買って，25円値引きしてもらったときの代金

イ 1個 a g のみかん5個を，25gの箱に入れたときの重さの合計

ウ a L 入りのペットボトル飲料5本分を25人で分けるとき，1人分の飲料の量

エ テープを1人につき a cm ずつ男子5人と女子25人に配るとき，必要なテープの合計の長さ

〔　　　　　　　　〕

5 次の関係を文字を使った式で表しなさい。

(1) 1冊 a 円のノートを b 冊買った代金は1500円でした。

〔　　　　　　　　　　　〕

(2) a から b をひいた差を6倍すると480になります。

〔　　　　　　　　　　　〕

6 15をある数でわった商に3をたすと8になりました。

(1) ある数を x として，式をつくりなさい。

〔　　　　　　　　　　　〕

(2) x にあてはまる数を，次の中から記号で選びなさい。

　　ア 1　　イ 3　　ウ 4　　エ 5

〔　　　　　　　　　　　〕

7 次の問いに答えなさい。

(1) 3つのふくろの中にあめが同じ数ずつ入っていて，ふくろの外にあめが2個あります。あめの合計が92個のとき，1ふくろあたりに入っているあめの個数は何個ですか。1ふくろあたりのあめの数を x 個として式をつくり，答えを求めなさい。

式〔　　　　　　　　　　　〕　答え〔　　　　　　　　　〕

(2) はるかさんは持っている折り紙の $\dfrac{2}{5}$ を妹にあげたところ，42枚残りました。はるかさんがはじめに持っていた折り紙は何枚ですか。はじめに持っていた折り紙の枚数を x 枚として式をつくり，答えを求めなさい。

式〔　　　　　　　　　　　〕　答え〔　　　　　　　　　〕

確認
しよう　　文字を使って式をつくるときは，等しい数量関係に注目します。「2の x 倍は y になる」という文章では，2の x 倍と y が等しいので，$2 \times x = y$ という式になります。式がつくりづらいときは，「2の3倍は6になる」のように文字を簡単な数字に置きかえて，$2 \times 3 = 6$ と式に表し，3を x に，6を y にもどすと考えやすくなります。

15

STEP 2 ステップ2

時間 35分　得点
合格 80点　　　点

1 たかしさんが文ぼう具店に行くと，買いたい品物の値段は右の表のようになっていました。次の式はどんなことを表していますか。

（10点 / 1つ5点）

えん筆	1本	a 円
ノート	1冊	b 円
コンパス	1個	450 円

(1) $a \times 5 + 450$

〔　　　　　　　　　　　　〕

(2) $(b - 10) \times 3$

〔　　　　　　　　　　　　〕

2 クラスで算数のテストをしたところ，男子20人の平均点は x 点で，女子15人の平均点は y 点でした。（10点 / 1つ5点）

(1) 男子の合計点数を x を使った式で表しなさい。

〔　　　　　　　　　　　　〕

(2) クラス全体の平均点を x と y を使った式で表しなさい。

〔　　　　　　　　　　　　〕

3 さやかさんのクラスの人数は38人です。1つの長いすに5人ずつ座ると，3人が座れませんでした。（20点 / 1つ10点）

(1) 長いすの数を x きゃくとして，式をつくりなさい。

〔　　　　　　　　　　　　〕

(2) 式を解いて，長いすの数を求めなさい。

〔　　　　　　　　　　　　〕

4 みなみさんは 2000 円で仕入れた品物に x% の利益を見込んで定価をつけよう と考えています。(20点 / 1つ10点)

(1) 定価を x を使った式で表しなさい。

〔　　　　　　　　〕

(2) 定価が 3000 円のとき，x の値を求めなさい。

〔　　　　　　　　〕

5 1 辺が 12cm の立方体があります。縦を 3cm のばし，横を 4cm 縮めて直方体 をつくるとき，もとの立方体の体積と同じにすると，高さは $x$cm になります。

(20点 / 1つ10点)〔京都女子中〕

(1) 直方体の体積を x を使った式で表しなさい。

〔　　　　　　　　〕

(2) x の値を小数で求めなさい。

〔　　　　　　　　〕

6 スーパーマーケットで，りんごを 2 個とみかんを 1 個買うと 260 円でした。み かん 1 個の値段は，りんご 1 個の値段よりも 40 円安かったです。(20点 / 1つ10点)

(1) りんご 1 個の値段を x 円として，式をつくりなさい。

〔　　　　　　　　〕

(2) りんご 1 個，みかん 1 個の値段をそれぞれ求めなさい。

りんご〔　　　　　　　　〕

みかん〔　　　　　　　　〕

4 資料の調べ方

ステップ1

1 右のドットプロットは, あるクラスで行った 10 点満点のテストの得点と人数を表したものです。

テストの得点と人数

(1) このクラスの生徒数は何人ですか。

〔　　　　　　　〕

(2) このクラスの得点の最頻値(さいひんち)は何点ですか。

〔　　　　　　　〕

(3) このクラスの生徒の合計得点は何点ですか。

〔　　　　　　　〕

(4) このクラスの平均点は何点ですか。四捨五入(ししゃごにゅう)して, 小数第 1 位まで求めなさい。

〔　　　　　　　〕

2 右の表は, A 班(はん)と B 班の生徒がバスケットボールで 1 人 5 回ずつシュートして, 入った回数と人数をまとめたものです。「A 班には 5 回とも入った人が 3 人もいるから, A 班のほうがシュートがうまい。」という考えは正しいといえますか, いえませんか。理由もあわせて説明しなさい。

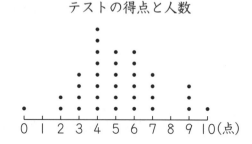

シュートして入った
回数と人数

入った回数(回)＼班	A(人)	B(人)
5	3	0
4	0	4
3	1	2
2	2	3
1	2	0
0	2	1

3 右の表は，ある班の 50m 走の記録をまとめたものです。

(1) この班の人数を求めなさい。

〔　　　　　　〕

(2) 人数が最も多いのは，何秒以上何秒未満の階級ですか。

〔　　　　　　〕

(3) この記録のちらばりのようすがわかるように，右のグラフにかきなさい。

50m 走の記録

記録(秒)	人数(人)
以上　未満	
6 〜 7	1
7 〜 8	4
8 〜 9	5
9 〜 10	6
10 〜 11	4
11 〜 12	2

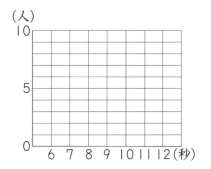

4 右の図は，あるクラスの人の身長の記録をグラフにしたものです。　〔滝川中〕

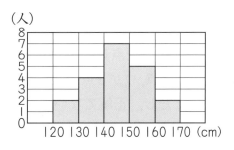

(1) このクラスの人数は何人ですか。　〔　　　　　　〕

(2) 140cm 以上の人は全体の何％ですか。　〔　　　　　　〕

(3) 低いほうから 15 番目の人の身長は，何 cm 以上何 cm 未満ですか。

〔　　　　　　〕

確認しよう

いろいろな記録について，全体の特ちょうを表す数を代表値（だいひょうち）といいます。

平均値（へいきんち）…記録の値の合計を，記録の個数でわった値

中央値（ちゅうおうち）…記録を値の大きさの順に並（なら）べたときに，真ん中にくる値

最頻値（さいひんち）…最も個数の多い記録の値

月　日　答え ➡ 別冊6ページ

ステップ2

時 間 40分　得 点
合 格 80点　　　点

1 右のグラフは，あるクラスの生徒が受けたテストの点数をまとめたものです。色のついた部分は 40 点以上 50 点未満の人数を表しています。

(20 点 / 1 つ 10 点)〔日本大第二中一改〕

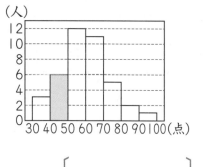

(1) 60 点以上 90 点未満の生徒数は全体の何 % ですか。

〔　　　　　　　　　　　〕

(2) 55 点の人は上から数えて何番目から何番目にいるといえますか。

〔　　　　　　　　　　　〕

2 44 人のクラスでテストを行ったところ，結果は右のグラフのようになりました。問題はア，イ，ウ，エの 4 問あり，それぞれの配点は，アが 1 点，イが 3 点，ウが 5 点，エが 7 点です。

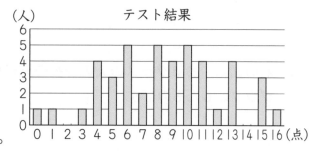

テスト結果

ただし，正解でない場合はそれぞれ 0 点となります。問題アを正解した人は 26 人でした。(30 点 / 1 つ 10 点)

〔山手学院中〕

(1) このテストの平均点を求めなさい。

〔　　　　　　　　　　　〕

(2) 問題イを正解した人，問題ウを正解した人，問題エを正解した人の人数をそれぞれ求めなさい。

イ〔　　　　　　　〕ウ〔　　　　　　　〕エ〔　　　　　　　〕

(3) 正解した問題の数が 2 問だった人は何人ですか。

〔　　　　　　　　　　　〕

3 右の表は，6年生男子のソフトボール投げの記録を表したものです。30m以上35m未満投げた人数は，全体の35%にあたります。のりゆきさんの記録は29mでした。のりゆきさんはきょりの短いほうから数えて何番目から何番目にいるといえますか。(10点)

ソフトボール投げの記録

きょり(m)	人数(人)
以上　　　未満 15 〜 20	2
20 〜 25	
25 〜 30	11
30 〜 35	14
35 〜 40	6

〔　　　　　　　　〕

4 右のグラフは，高田さんの学級で，ある月に調べた通学時間を柱状グラフに表したもので，例えば，㋐の部分は通学時間が5分以上10分未満の人が5人いることを示しています。(40点/1つ10点)　〔智辯学園中一改〕

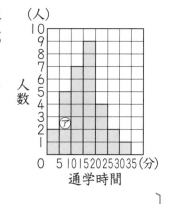
(人)
人数
通学時間
5 10 15 20 25 30 35(分)

(1) 高田さんの通学時間は，短いほうから数えて11番目です。何分以上何分未満ですか。

〔　　　　　　　　〕

(2) 高田さんの学級全体の人数は何人ですか。

〔　　　　　　　　〕

(3) 通学時間が20分以上30分未満の人は全体の何%ですか。

〔　　　　　　　　〕

(4) 全員の通学時間の平均は15分20秒でしたが，その後，林さんと西村さんが転校してきて，同じアパートからいっしょに通学するようになったので，通学時間の平均が25秒増えました。2人の通学時間は何分ですか。

〔　　　　　　　　〕

5 場合の数

ステップ **1**

1 A，B，Cの3人が横一列に並びます。その並び方について，右のような図をかいて考えました。もれや重なりがないようにかくには，どのような点に気をつければよいでしょうか。

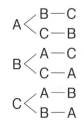

2 A，B，C，Dの4人でリレーのチームをつくりました。

(1) Aが最初に走るとき，残り3人の走る順番は何通りありますか。

〔　　　　　　〕

(2) 4人で走る順番は，全部で何通りありますか。

〔　　　　　　〕

3 ①，②，③，④，⑤の5枚のカードから2枚を取り出して，2けたの整数をつくります。

(1) 整数は全部で何通りできますか。

〔　　　　　　〕

(2) 偶数は全部で何通りできますか。

〔　　　　　　〕

(3) 4の倍数は全部で何通りできますか。

〔　　　　　　〕

4 100円硬貨を3回続けて投げるとき，表と裏の出方は，全部で何通りありますか。

〔　　　　　　　　〕

5 A，B，C，D，Eの5冊の本から2冊を選ぶとき，本の選び方は全部で何通りですか。

〔比治山女子中〕

〔　　　　　　　　〕

6 A，B，C，Dの4つのチームで野球の試合をします。どのチームとも1回ずつ試合をするリーグ戦をするとき，組み合わせは全部で何通りですか。

〔　　　　　　　　〕

7 ちづるさんは大小2つのさいころを投げました。
(1) 出る目の数の和が8以上になるのは全部で何通りですか。

〔　　　　　　　　〕

(2) 大きいさいころの目を十の位，小さいさいころの目を一の位としたとき，2けたの奇数ができるのは何通りですか。

〔　　　　　　　　〕

8 10円，50円，100円の3種類のコインをどれも1枚以上使って350円はらう方法は何通りありますか。

〔公文国際学園中〕

〔　　　　　　　　〕

確認
しよう　並べ方や組み合わせなどの場合の数を見つけるときには，もれや重なりのないように正確に数え上げましょう。頭の中だけで数え上げるのではなく，実際に図や表をかいてみるとミスを防ぐことができます。

STEP
2
ステップ**2**

⏱時　間 35分　✒得　点

👍合　格 80点　　　　　点

1 6個のみかんを，A，B，Cの3人に分けます。3人とも必ず1個はもらえる
ものとすると，分け方は何通りありますか。(10点)

〔桜美林中〕

〔　　　　　　　〕

2 赤，青，黄，緑の4色の絵の具を使って，右の図を色分けし
ます。(20点 / 1つ10点)　　　　　　　　　　　　　　　〔法政大中〕

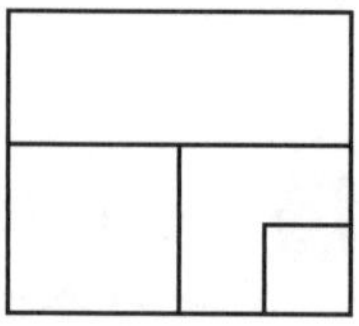

(1) 4色すべてを使って色分けする方法は全部で何通りあります
か。

〔　　　　　　　〕

(2) 4色のうち，3色を使って色分けする方法は全部で何通りありますか。ただし，
となりあう場所はちがう色とします。

〔　　　　　　　〕

3 1から8までの数字が1つずつ書かれた赤いカードが8枚と，1から8まで
の数字が1つずつ書かれた黒いカードが8枚あります。これら16枚のカー
ドから1枚カードを取り出し，続けてもう1枚カードを取り出し，左から順
に並べます。並べたカードに書かれた2つの数の積を計算します。　〔桐光学園中〕

(1) 積の一の位の数字が1となるカードの並べ方は何通りありますか。(5点)

〔　　　　　　　〕

(2) 積の一の位の数字が2となるカードの並べ方は何通りありますか。(10点)

〔　　　　　　　〕

(3) 積の一の位の数字が4となるカードの並べ方は何通りありますか。(10点)

〔　　　　　　　〕

4 0，1，2，3，4 の数字が書かれたカードが 1 枚ずつあります。241 や 130 のように，この 5 枚のカードのうち 3 枚のカードを使って 3 けたの整数をつくります。このような整数のうち，偶数は何通りつくることができますか。

(10 点)〔関東学院六浦中〕

〔　　　　　　〕

5 右の図の六角形 ABCDEF で，6 つの頂点の中から異なる 4 つの点を選び，対角線を 2 本ひきます。2 本の対角線が交わるような線のひき方は何通りありますか。

(10 点)〔同志社中〕

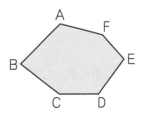

〔　　　　　　〕

6 文字を横一列に並べるときの並べ方について考えます。たとえば，文字 A が 2 個と B が 1 個の 3 個の文字を並べるときの並べ方は，

| A | A | B |　| A | B | A |　| B | A | A |

の 3 通りがあります。同じように，A が 2 個，B が 2 個，C が 2 個の 6 個の文字を横一列に並べる場合を考えます。

〔穎明館中〕

(1) 同じ文字が 3 組ともとなりあうような並べ方は何通りありますか。(5 点)

〔　　　　　　〕

(2) 同じ文字がとなりあわないような並べ方のうち，左はしが A であるような並べ方をすべて書きなさい。ただし，記入らんはすべて使うとは限りません。(10 点)

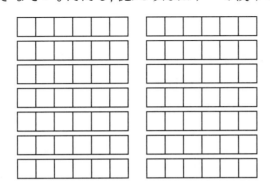

(3) 同じ文字がとなりあわないような並べ方は何通りありますか。(10 点)

〔　　　　　　〕

⏱時 間 35分　✎得 点
👍合 格 80点　　　　点

1 落とした高さの $\dfrac{3}{5}$ 倍の高さまではねるボールがあります。このボールが2回目にはね上がったときの高さをはかってみると 72cm になっていました。はじめに何 cm の高さからボールを落としましたか。(10点)

〔　　　　　　　　〕

2 A，B，Cの3人が背くらべをしました。Aの身長はBの身長の $\dfrac{9}{10}$ で，Cの身長の $\dfrac{8}{9}$ でした。また，CはBより2cm身長が高いこともわかりました。3人の身長はそれぞれ何 cm だったでしょうか。(10点)　　　　〔同志社国際中〕

A〔　　　　　〕 B〔　　　　　〕 C〔　　　　　〕

3 ある数を28でわるつもりでしたが，まちがえて18でわってしまったため，商が316で余りが12になりました。(20点 / 1つ10点)

(1) ある数を x として，まちがえて計算した式を書きなさい。

〔　　　　　　　　〕

(2) 正しい答えを求めなさい。

〔　　　　　　　　〕

4 0，1，2の3つの数字を使って3けたの整数をつくります。ただし，同じ数字を何回使ってもよいものとします。(20点 / 1つ10点)

(1) できた整数を全部たすといくつになりますか。

〔　　　　　　　　〕

(2) 3の倍数は全部で何通りできますか。

〔　　　　　　　　〕

5 ようこさんは，2.7km はなれたおばさんの家に向かって分速 60m で歩いていました。とちゅうの郵便局で用事を思い出し，用事を済ませるのに 5 分かかりました。その後，はじめの $\frac{3}{2}$ 倍の速さで歩いたところ，ちょうど予定通りの時刻におばさんの家に着きました。(20点 / 1つ10点)

(1) ようこさんが郵便局からおばさんの家まで歩いたときの時間を x 分間として，関係を式に表しなさい。

〔　　　　　　　　　　　　　〕

(2) 郵便局からおばさんの家までの道のりを求めなさい。

〔　　　　　　　　　　　　　〕

6 2cm，3cm，4cm，5cm，6cm の 5 本のまっすぐな棒のうち，3 本を 3 つの辺とする三角形を作ります。裏返しにして重なるものは同じものとするとき，何通りの三角形を作ることができるか求めなさい。(10点)　〔東邦大付属東邦中〕

〔　　　　　　　　　　　　　〕

7 6年2組で算数の小テストを行いました。問題は全部で 3 問あり，1 問目が 2 点，2 問目が 3 点，3 問目が 5 点です。下のドットプロットは得点と人数を表したものですが，いくつかの得点についてはドットが記されていません。クラスの平均点は 5.2 点で，得点が 5 点の人はクラスの 20% にあたります。3 問目を正解した人が 16 人であるとき，2 問目を正解した人数を求めなさい。(10点)

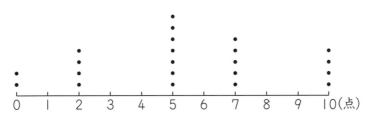

〔　　　　　　　　　　　　　〕

比とその利用

ステップ 1

1 次に示した割合を，A：Bの形で表しなさい。

(1) A の量を 3 とすると，B の量は 5 となる。

〔　　　　　　〕

(2) A は B の 4 倍

〔　　　　　　〕

2 右の図を見て，次の ① ～ ⑤ にあてはまる数や語句
を答えなさい。

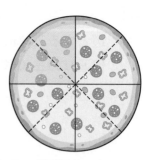

　のぞむさんはお店でピザを1枚注文し，家族4人で
等しく分けました。このとき，のぞむさんの分と全
体の比は ① ： ② になります。さらに，食べやす
くするために全員の分をそれぞれ半分の大きさに切り
分けました。このとき，のぞむさんの分は ③ 切れで全体は ④ 切れなので，
のぞむさんの分と全体の比は ③ ： ④ になります。半分の大きさに切る前
と後で，のぞむさんの分と全体の量は変わらないので，① ： ② ＝ ③ ：
④ といえます。また，のぞむさんの分が全体のどれだけの割合にあたるか
を示す数 $\frac{①}{②}$ を ⑤ といい，等しい比は ⑤ が等しくなります。

① 〔　　　　〕② 〔　　　　〕③ 〔　　　　〕④ 〔　　　　〕⑤ 〔　　　　〕

3 長さがそれぞれ 10cm，15cm，30cm である A，B，C の 3 つのテープがあり
ます。この A，B，C のテープの長さの比を，最も簡単な整数の比で表しなさい。

〔　　　　　　〕

4 かなこさんの学級の人数は 35 人で，男子の人数は 20 人です。

(1) 男子と女子の人数の比を，最も簡単な整数の比で表しなさい。

〔　　　　　　　　〕

(2) 学級全体と女子の人数の比を，最も簡単な整数の比で表しなさい。

〔　　　　　　　　〕

5 縦と横の長さの比が 3：5 となる長方形をつくります。縦の長さを 12cm とすると，横の長さは何 cm になりますか。

〔　　　　　　　　〕

6 クッキーが 49 個あります。このうち，ゆみさんが何個かもらったところ，ゆみさんがもらったクッキーと，残ったクッキーの個数の比は 2：5 となりました。

(1) ゆみさんがもらったクッキーの個数を x 個として，ゆみさんがもらったクッキーとはじめにあったクッキーの個数の比を 2 通りに表し，＝を使って表しなさい。

〔　　　　　　　　〕

(2) ゆみさんがもらったクッキーは何個ですか。

〔　　　　　　　　〕

7 兄，妹，弟の 3 人がお金を出しあって，母の誕生日ケーキを買いました。ケーキの値段は 2700 円で，兄，妹，弟が出したお金の割合は 4：3：2 でした。それぞれがはらった金額はいくらですか。

兄〔　　　　　　　〕　妹〔　　　　　　　〕　弟〔　　　　　　　〕

確認
しよう

比の問題を解くときは以下の点に気をつけます。
①A：Bの，AとBに同じ数をかけたり，わったりしてできる比はA：Bと等しい。
②小数や分数の比は，最も簡単な整数の比に直して答える。
③全部でxの量をA：Bの比で分けるとき，Aにあたる量は$x×\dfrac{A}{A+B}$，Bにあたる量は $x×\dfrac{B}{A+B}$

月　日　答え ➡ 別冊10ページ

ステップ 2

時間 40分
合格 80点
得点　　点

1 A : B = $\frac{1}{2}$: $\frac{1}{5}$, B : C = 3 : 7 となるとき, A : C を最も簡単(かんたん)な整数の比で表しなさい。(8点)

〔　　　　　〕

2 分母と分子の比が 13 : 8 で, 分母と分子の差が 35 になる分数を求めなさい。ただし, 約分はしなくてよいものとします。(8点)

〔　　　　　〕

3 長さが 48cm の直線 AB があります。直線 AB 上に点 C, D があり, AC と CB の長さの比は 5 : 3, AD と DB の長さの比は 1 : 5 です。(24点/1つ8点)

(1) CB の長さを求めなさい。

〔　　　　　〕

(2) AD の長さを求めなさい。

〔　　　　　〕

(3) CD の長さを求めなさい。

〔　　　　　〕

4 けんじさんは, 80円のえん筆と 100円の赤ペンを本数の比が 5 : 4 となるように買ったところ, 合計金額は 3200円になりました。えん筆は何本買いましたか。(10点)

〔　　　　　〕

5 2つのペットボトルA，Bに水が入っています。ペットボトルAの水の量は2400mL，ペットボトルBの水の量は1600mLです。Aに入っている水の量とBに入っている水の量の比が3：5になるためには，どちらのペットボトルからどれだけの水の量を移せばよいですか。(10点)

〔　　　　　　　　　　　　　　　　〕

6 右の図のように，2つの三角形が重なっています。この2つの三角形の面積の比は7：3で，重なった部分の面積は小さい三角形の$\frac{1}{6}$です。重なった部分の面積は大きい三角形の面積の何倍ですか。(10点)　　〔東洋英和女学院中〕

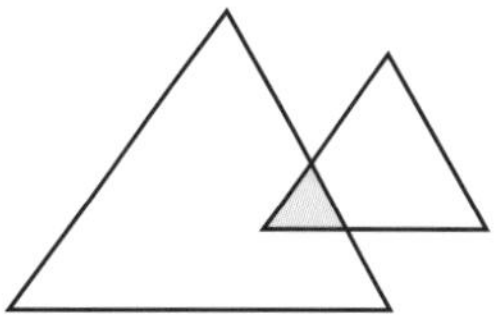

〔　　　　　　　　　　　　　　　　〕

7 Aさん，Bさん，Cさんの3人で毎月貯金をすることにしました。BさんはAさんの3倍，CさんはBさんの1.5倍の金額を貯金することに決めましたが，Bさんは4か月で，Cさんは2か月でやめてしまい，Aさんは1年間続けたところ，3人の貯金額の合計は33000円になりました。(30点／1つ10点)

(1) 3人の1か月の貯金額の比Aさん：Bさん：Cさんを，最も簡単な整数の比で表しなさい。

〔　　　　　　　　　　　　　　　　〕

(2) Aさんの1か月の貯金額はいくらでしたか。

〔　　　　　　　　　　　　　　　　〕

(3) もし，Aさん，Bさん，Cさんが3人とも1年間貯金を続けたとすると，合計金額はいくらになりますか。

〔　　　　　　　　　　　　　　　　〕

7 比例

1 右の表は，針金_{はりがね}の長さと重さの関係を表したものです。

長さ(m)	1	2	3	4
重さ(g)	15	30	45	60

(1) 針金の長さが 2 倍，3 倍，……になると，重さはどのように変わっていますか。

〔　　　　　　　　　　　　　　　〕

(2) 針金の長さと重さの関係を式に表したとき，次の□にあてはまる数を書きなさい。

□× 長さ ＝ 重さ

〔　　　　　　〕

(3) 針金の長さが 17m のとき，重さは何 g ですか。

〔　　　　　　〕

2 1 個 80 円のりんごを x 個買ったときの代金を y 円とします。

(1) りんごの個数と代金の関係を右の表にまとめました。**ア**，**イ**にあてはまる数を答えなさい。

x(個)	1	2	3	4	5
y(円)	80	160	240	ア	イ

ア〔　　　　　　〕　イ〔　　　　　　〕

(2) x と y の関係を式に表しなさい。

〔　　　　　　〕

3 次の 2 つの量 x，y が比例しているものをすべて選び，記号で答えなさい。

ア　まわりの長さが 30cm の長方形の，縦_{たて}の長さ $x$cm と横の長さ $y$cm

イ　1 個 x 円のみかんを 5 個買い，50 円の箱につめてもらったときの代金 y 円

ウ　正三角形の 1 辺の長さ $x$cm と，まわりの長さ $y$cm

エ　1 日の昼の長さ x 時間と，夜の長さ y 時間

オ　1m が 120 円のテープを xm 買ったときの代金 y 円　〔　　　　　　〕

4 右のグラフは，1L あたりの値段が 300 円のりんごジュースの量と値段の関係を表したものです。

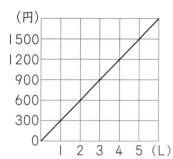

(1) りんごジュースの値段は，量に比例していますか。

〔　　　　　　　　　〕

➡(2) (1)でそう考えた理由を答えなさい。

〔　　　　　　　　　　　　　　　　　　　　　　　　　　〕

(3) りんごジュースの量を x L，値段を y 円としたとき，x と y の関係を式で表しなさい。

〔　　　　　　　　　〕

(4) このりんごジュース 8L の値段はいくらですか。

〔　　　　　　　　　〕

5 次の表は，リボンの長さと代金の関係を表したものです。この関係を右のグラフに表しなさい。

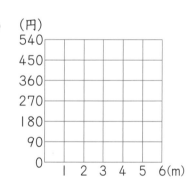

長さ(m)	1	2	3	4	5
代金(円)	90	180	270	360	450

6 同じ種類のねじ 30 個分の重さをはかってみると 50g ありました。

(1) ねじが 150 個のとき，重さは何 g になりますか。

〔　　　　　　　　　〕

(2) ねじの重さが 600g のとき，ねじは何個ありますか。

〔　　　　　　　　　〕

確認しよう　2つの数量 x，y があって，x の値が 2 倍，3 倍，……になると，y の値も 2 倍，3 倍，……になるとき，y は x に比例するといいます。このとき，y を x でわった商は決まった値になります。比例のグラフは 0 の点を通る直線になります。

ステップ2

⏰時 間 35分　　✏得 点

👍合 格 80点　　　　点

1 次のア〜エのうち，2つの量 x と y の間に比例の関係が成り立つものを選び，その関係を x と y を使った式で表しなさい。(16点/1つ8点)

　ア　正方形の1辺の長さ $x$cm と面積 $y$cm²

　イ　円の直径の長さ $x$cm と円周の長さ $y$cm（円周率は3.14とします）

　ウ　時速 $x$km の速さで y 時間進んだときの道のりが50km

　エ　1個 x 円のりんごを6個買い，100円の箱につめてもらったときの代金 y 円

　　　　　　　　　比例の関係が成り立つもの〔　　　　　　　〕

　　　　　　　　　　　　 x と y を使った式〔　　　　　　　〕

2 長さ3mの重さが120gで，160gの値段が180円のテープがあります。このテープ xm の値段を y 円とします。(16点/1つ8点)

(1) x と y の関係を式で表しなさい。

　　　　　　　　　　　　　　　　　　　　〔　　　　　　　〕

(2) テープの値段が450円のときの，テープの長さを求めなさい。

　　　　　　　　　　　　　　　　　　　　〔　　　　　　　〕

3 厚紙を右のような形に切って重さをはかってみると32gありました。この厚紙から縦3cm，横4cmの長方形を切り取ったところ，切り取った長方形の重さは8gでした。

(16点/1つ8点)

(1) 面積と比例の関係にあるものを答えなさい。

　　　　　　　　　　　　　　　　　　　　〔　　　　　　　〕

(2) 右上の図の厚紙の面積は何 cm² ですか。

　　　　　　　　　　　　　　　　　　　　〔　　　　　　　〕

4 身長 150cm のみなみさんのかげの長さをはかってみると 1m ありました。同じとき，地面にまっすぐ立っている木のかげの長さをはかると 2.5m ありました。この木の高さは何 m ですか。(10点)

[　　　　　　　]

5 太郎さんの時計は 1 日につき 1.2 分おくれます。午前 8 時に正確な時刻に合わせると，翌日の午後 2 時に太郎さんの時計は何時何分何秒を指していますか。

(10点)

[　　　　　　　]

6 右の図は，長さの等しい 2 種類のばね A，B におもりをつるしたときの，おもりの重さとばねののびのようすを表したグラフです。(32点/1つ8点)

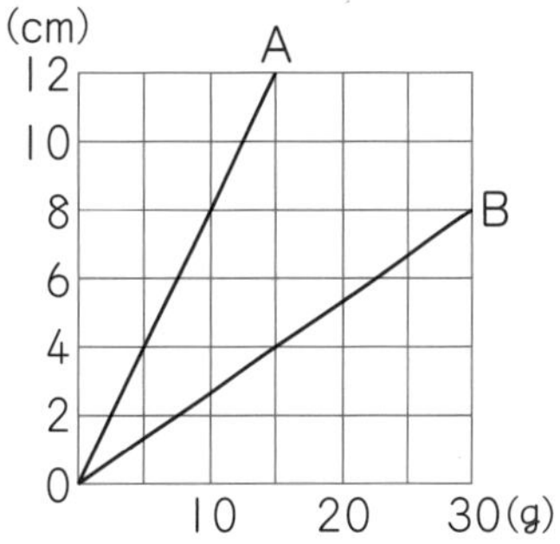

(1) A のばねに 40g のおもりをつるしたときの，ばねののびは何 cm ですか。

[　　　　　　　]

(2) B のばねを 12cm のばすためには，何 g のおもりが必要ですか。

[　　　　　　　]

(3) 15g のおもりをつるしたとき，A のばねと B のばねの長さの差は何 cm になりますか。

[　　　　　　　]

(4) A のばねののびと B のばねののびの差が 20cm になるのは，何 g のおもりをつるしたときですか。

[　　　　　　　]

8 速さとグラフ

ステップ1

1 右のグラフは，時速 70km で自動車が走った時間と道のりの関係を表したものです。

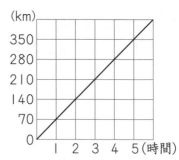

(1) 走った時間を x 時間，道のりを $y$km としたとき，x と y の関係を式で表しなさい。

〔　　　　　　　　〕

(2) 走った時間が 8 時間のとき，走った道のりは何 km ですか。

〔　　　　　　　　〕

(3) 走った道のりが 840km のとき，何時間走りましたか。

〔　　　　　　　　〕

2 右のグラフは，兄と弟が家から 1800m はなれた駅に歩いて向かったときの時間と進んだ道のりを表したものです。①の直線は兄，②の直線は弟のようすを表しています。

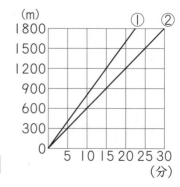

(1) 兄が歩く速さは分速何 m ですか。

〔　　　　　　　　〕

(2) 兄は出発してから何分何秒後に駅に着きますか。

〔　　　　　　　　〕

(3) 兄と弟の進んだ道のりの差が 300m になるのは出発してから何分後ですか。

〔　　　　　　　　〕

3 右の図で，①のグラフはさやかさんが家を 10 時に出発して，家から 1600m はなれた図書館に歩いて向かったときの時間と進んだ道のりを表したものです。

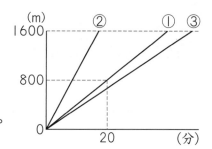

(1) さやかさんが図書館に着くのは何時何分ですか。

〔　　　　　　　〕

(2) さやかさんが①のときより速く歩くと，グラフは②，③のどちらになりますか。

〔　　　　　　　〕

(3) (2)でそう考えた理由を答えなさい。

〔　　　　　　　〕

4 右のグラフは，こうじさんが 12 時に家を出発して 2400m はなれた駅に向かって歩いたときの時間と家からの道のりを表したものです。

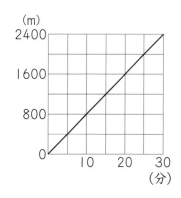

(1) こうじさんが家を出発してから 10 分後，お兄さんが自転車に乗って分速 160m の速さで家を出発して駅に向かいました。お兄さんのようすを表すグラフを図にかき入れなさい。

(2) お兄さんは何時何分にこうじさんに追いつきますか。

〔　　　　　　　〕

(3) こうじさんが家を出発すると同時に，お母さんが駅から家に向かって，毎分 60m の速さで歩きました。駅から家まで歩くお母さんのようすを表すグラフを，図にかき入れなさい。

> 確認しよう　速さのグラフでは，道のりと時間がどちらも整数で表される点を読み取って，(道のり)÷(時間)の計算をすると速さを求めることができます。

STEP 2 ステップ2

時　間 35分　合　格 80点
得　点　点

1 ゆうこさんは，最初はゆっくり歩き，とちゅうから早歩きをし，最後にまた最初と同じ速さで歩いたところ，歩数と消費エネルギーの変化のようすはグラフのようになりました。(「キロカロリー」とは，消費するエネルギーの単位です。)このとき，早歩きをすると1歩につき何キロカロリーを消費しますか。

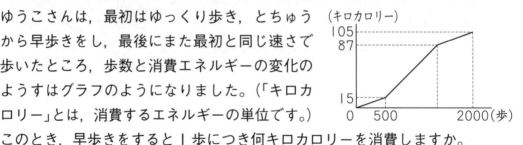

(10点)〔田園調布学園中〕

[　　　　　]

2 兄と弟は家から3000mはなれた駅に向かって，同時に家を出発しました。兄は1200m進んだP地点で20分休けいしてから，同じ速さで駅へ向かいました。弟はとちゅうで休けいすることなく同じ速さで駅まで進みました。そうすると，2人は同時に駅に到着しました。右のグラフは兄の動きを表したものです。

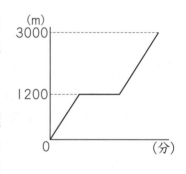

(30点/1つ10点)〔関西大倉中〕

(1) 弟の動きをグラフにかきなさい。

(2) 弟は兄が休けいを始めてから何分後にP地点を通過しましたか。

[　　　　　]

(3) 兄と弟が進む速さの比が5：3であるとき，兄と弟の速さはそれぞれ分速何mですか。

兄 [　　　　　]　弟 [　　　　　]

3 家から 600m はなれている駅まで，兄と弟が同時に歩いて出発しました。兄は 200m 歩いたところで忘れ物(わすれもの)に気づき，すぐに家にもどり，最初に家を出てから 8 分後にもう一度駅に向けて出発したところ，2 人は同時に駅に着きました。右上の図は兄と弟の歩いた時間と家からの道のりを表したものです。ただし，2 人の歩く速さはそれぞれ一定とします。(30点 /1つ 10点)

〔弘学館中〕

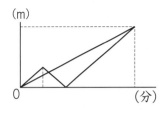

(1) 兄と弟の速さの比を最も簡単(かんたん)な整数の比で表しなさい。

〔　　　　　　　　　〕

(2) 弟が駅に着いたのは家を出てから何分後ですか。

〔　　　　　　　　　〕

(3) 兄と弟がすれちがったのは家を出てから何分後ですか。

〔　　　　　　　　　〕

4 ある町では 2 台のバスが周回しています。停留所は図のように地点 A，地点 B，地点 C の 3 か所にあり，地点 A と地点 B の間は 1200m あります。2 台のバスは同じ速さで走り，停留所に着いてから 1 分後に出発するものとします。1 台のバスは地点 A から時計回りに，もう 1 台のバスは地点 B から反時計回りに同時に出発します。2 台のバスが出発してから 1 周するまでの時間(分)と 2 台のバスの間の道のり(m)の関係をグラフに表しました。(30点 /1つ 10点)

〔栄東中〕

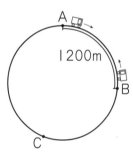

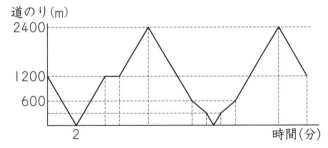

(1) バスの速さは分速何 m ですか。

〔　　　　　　　　　〕

(2) バスが 1 周して出発地点にもどってくるのは出発してから何分後ですか。

〔　　　　　　　　　〕

(3) バスが 2 回目にすれちがうのは出発してから何分何秒後ですか。

〔　　　　　　　　　〕

9 反比例

ステップ 1・2

1 右の表は，縦 $x$cm，横 $y$cm で面積が 18cm^2 の長方形の縦と横の関係を表したものです。

x(cm)	1	2	3	4	6
y(cm)	18	9	6	4.5	3

(1) x と y は比例していますか。それとも反比例していますか。

[　　　　　　　　　]

(2) (1)でそう考えた理由を答えなさい。

[　　　　　　　　　]

(3) x と y の関係を表す式を書きなさい。

[　　　　　　　　　]

(4) y の値が 10 のときの x の値を小数で求めなさい。

[　　　　　　　　　]

2 下の表は，12km の道のりを進むときの時速 $x$km とかかる時間 y 時間の関係を表したものです。右の図に，x と y の関係を表すグラフをかきなさい。

時速 x(km)	1	2	3	4	6
時間 y(時間)	12	6	4	3	2

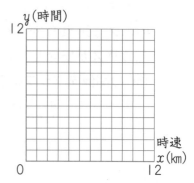

3 右の図のように，てんびんがつりあっているとき，AB × x の重さ＝ AC × y の重さとなる。

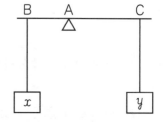

(1) x の重さが 60kg，AB が 0.5m，AC が 1.5m のとき，y は何 kg でつりあいますか。

[　　　　　　　　　]

(2) x の重さが 80kg，y の重さが 20kg，AB が 0.6m のとき，AC は何 m でつりあいますか。

[　　　　　　　　　]

4 A，B，Cの歯車が図のようにかみあっています。Bの歯車の歯数は 12 で，Bの歯車が 3 回転すると A の歯車は 1 回転します。また，B の歯車が 5 回転すると C の歯車は 3 回転します。A の歯車の歯数と，C の歯車の歯数を求めなさい。

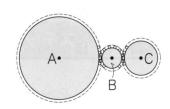

A〔　　　　　　　〕C〔　　　　　　　〕

5 歯の数が 8，12，16，20，24 である歯車 A，B，C，D，E がすべてかみあった状態で真横に並べて組み合わせてあります。いま，それぞれの歯車に，下の図のように◎印をつけて歯車 A を時計回りに回転させました。〔滝中〕

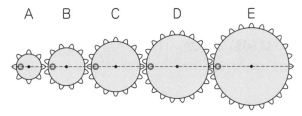

(1) 歯車 A が 3 回転したとき，歯車 B，E はそれぞれ何回転しますか。

歯車 B〔　　　　　　　〕　　歯車 E〔　　　　　　　〕

(2) 歯車 B が 1 回転したとき，歯車 A の◎印の位置はどこにありますか。右の図にかきなさい。

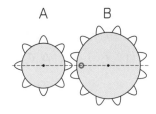

(3) すべての歯車の◎印が歯車の中心を結んだ線の上にはじめて並ぶのは，歯車 A を何回転させたときですか。

〔　　　　　　　〕

確認
しよう

2 つの数量 x，y があって，x の値が 2 倍，3 倍，……になると，y の値は $\frac{1}{2}$ 倍，$\frac{1}{3}$ 倍，……になるとき，y は x に反比例するといいます。
x と y の積が決まった値になり，x と y の関係を表す反比例の式は，
$y=$（決まった数）$\div x$　または $x \times y=$（決まった数）　として表されます。

STEP 3　6〜9

ステップ3

1 Aさん，Bさん，Cさんの所持金をそれぞれ調べると，AさんとBさんの所持金の比は8:5，BさんとCさんの所持金の合計は1800円，AさんとCさんの所持金の合計は2400円でした。Aさんの所持金を求めなさい。(8点)

〔甲南女子中〕

〔　　　　　　　　　　〕

2 水そうに15%のこさの食塩水が2kg入っています。この水そうに2種類の食塩水A，Bをそれぞれ750g，250g入れると，水そうの食塩水のこさが10.5%になりました。Aの食塩水のこさとBの食塩水のこさの比は1:3です。Aの食塩水のこさは何%ですか。(10点)

〔　　　　　　　　　　〕

3 3種類のろうそくA，B，Cがあります。ろうそくに火をつけると，それぞれ一定の割合で短くなっていきます。Aの長さは30cmです。3本同時に火をつけると15分後には3本の長さが等しくなり，それから5分後にAの長さは6cmに，Bの長さは10cmになりました。CはA，Bと長さが等しくなった後，7分30秒で燃えつきました。(32点/1つ8点)　　　　　　　　〔芝浦工業大柏中〕

(1) ろうそくAの短くなる速さは毎分何cmですか。

〔　　　　　　　　　　〕

(2) ろうそくBの短くなる速さは毎分何cmですか。

〔　　　　　　　　　　〕

(3) 火をつける前のろうそくCの長さは何cmですか。

〔　　　　　　　　　　〕

(4) ろうそくBの長さがろうそくAの3倍になるのは，火をつけてから何分何秒後ですか。

〔　　　　　　　　　　〕

4 A 君は時速 4km で Q 町を出発して，グラフのように往復します。B 君は時速 8km で Q 町を出発して，グラフのように往復します。A 君が Q 町を出発すると同時に，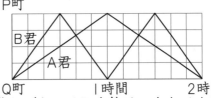 C 君は P 町を出発して Q 町へ向かい，1km 進むごとに 15 分休けいをとります。C 君は 1 時間 25 分で Q 町に着き，Q 町で 15 分休けいした後，P 町へ休けいせずに時速 8km でもどります。(20点 / 1つ 10点)　　　　　　　　　　　〔慶應義塾普通部〕

(1) C 君が出発してから 2 時間たつまでに進むようすをグラフにかき入れなさい。

(2) C 君が B 君と 4 回目に会うのは，C 君が A 君と初めて会ってから何時間何分後ですか。

〔　　　　　　　　　〕

5 30cm はなれた 2 地点 A，B があります。点 P，Q はそれぞれ点 A，B から同時に出発し AB 間を一定の速さで往復します。点 P，Q が 1 回目に出会った後，点 P は B に，点 Q は A に着いてから折り返し，点 P，Q は 2 回目に出会い止まりました。次のグラフは出発してからの時間と PQ 間のきょりを表したものです。**ア**，**イ**の値（あたい）を求めなさい。(20点 / 1つ 10点)　　　〔筑波大附中－改〕

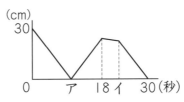

ア〔　　　　　　　　　〕 イ〔　　　　　　　　　〕

6 4 つの歯車 A，B，C，D があり，歯数はそれぞれ 15，45，30，60 です。右の図のように，歯車 A と歯車 B がかみあい，歯車 C と歯車 D がかみあい，歯車 B と歯車 C は同じ中心でいっしょに回転します。また，歯車 D と半径 0.25m のタイヤも同じ中心でいっしょに回転します。このタイヤのついた 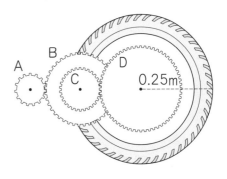 乗り物が時速 70.65km で動くとき，歯車 D と歯車 A は毎分何回転するか求めなさい。ただし，円周率は 3.14 とします。(10点 / 1つ 5点)　　　〔立教女学院中〕

歯車 A〔　　　　　　　　　〕 歯車 D〔　　　　　　　　　〕

10 対称な図形

STEP 1 ステップ1

1 次のア～オの図形の中から，線対称な図形すべてに，例にならって対称の軸をかき入れなさい。

（例）　　ア　　イ　　ウ　　エ　　オ

C A B F G O

2 右の図はそれぞれ線対称な図形で，直線 ℓ は対称の軸です。

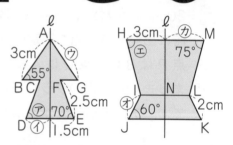

(1) 点 B に対応する点，辺 HI に対応する辺をそれぞれ答えなさい。

点 B 〔　　　　　　　　〕 辺 HI 〔　　　　　　　　〕

(2) 図の㋐～㋙にあてはまる辺の長さや角の大きさを答えなさい。

㋐〔　　　　　　〕 ㋑〔　　　　　　〕 ㋒〔　　　　　　〕

㋓〔　　　　　　〕 ㋔〔　　　　　　〕 ㋕〔　　　　　　〕

(3) 対応する2つの点 I と L を結ぶ直線と対称の軸 ℓ との関係と，IN と LN の長さの関係を書きなさい。

〔　　　　　　　　　　　　　〕〔　　　　　　　　　　　〕

3 右の図で，直線 ℓ，直線 m が対称の軸になるように，線対称な図形をかきなさい。

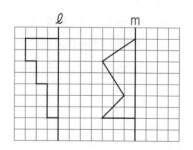

4 次のア～オの図形の中から，点対称な図形をすべて選び，記号で答えなさい。

〔　　　　　〕

5 右の図は点対称な図形で，点 O は対称の中心です。
点 A に対応する点，辺 BC に対応する辺をそれぞれ
答えなさい。

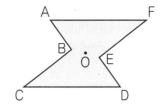

点 A 〔　　　　　〕　　　辺 BC 〔　　　　　〕

6 右の図で，点 O が対称の中心となるよ
うに，点対称な図形をかきなさい。

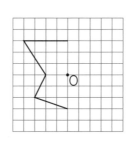 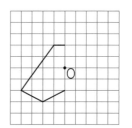

7 次の図は点対称な図形です。対称の中心 O を図にかき入れなさい。対称の中
心を見つけるのにひいた線も消さずに残しなさい。

確認
しよう

線対称な図形の性質：①対応する 2 つの点を結ぶ直線は，対称の軸と垂直に交わる。
　　　　　　　　　　②①の交わる点から対応する点までのきょりは等しい。
点対称な図形の性質：①対応する 2 つの点を結ぶ直線は対称の中心を通る。
　　　　　　　　　　②対称の中心から対応する点までのきょりは等しい。

ステップ2

1 次の図のように, 正三角形, 正方形, 正五角形, 正六角形があります。

(20点 /1つ10点)

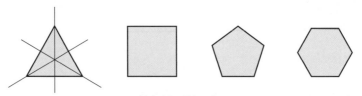

(1) 正三角形には上の図のように対称の軸が3本あります。正方形, 正五角形, 正六角形には対称の軸がそれぞれ何本あるか答えなさい。

正方形〔　　　　　〕　　正五角形〔　　　　　〕　　正六角形〔　　　　　〕

(2) 正 n 角形の図形では, 対称の軸は何本ありますか。

〔　　　　　〕

2 下の方眼を利用して, 次のことがらにあてはまる図形を1つ作図しなさい。

(20点 /1つ10点)

(1) 点対称であり, 線対称
でもある図形

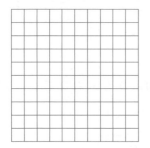

(2) 点対称であるが, 線対称
ではない図形

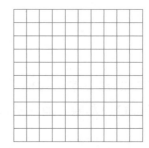

3 左下の図は, 合同な三角形だけでつくられた図形を示したものです。この図形を, 直線 AB を対称の軸にして折った後, 点 O を中心にして180°回転させます。このとき, 図の色のついた部分と最後に対応する部分はどこになりますか。右下の図に色をぬりなさい。(15点)

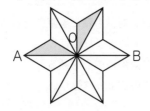

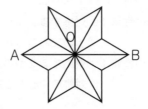

4 みゆさんが，正方形，長方形，平行四辺形，正三角形，二等辺三角形について調べたところ，さまざまな性質があることがわかりました。次のア〜カの中から，正方形だけにあてはまるものを選び，記号で答えなさい。(15点)

ア　対角線の交点が，対称の中心になっている。

イ　線対称な図形であるが，点対称な図形ではない。

ウ　対称の軸が2本ある。　　エ　120°回転させると，もとの図形と重なる。

オ　対称の軸が4本ある。　　カ　線対称な図形であり，点対称な図形でもある。

〔　　　　　　　　　〕

5 次のア〜キの図形は，立方体の展開図です。(15点 / 1つ5点)

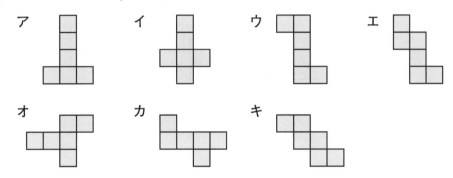

ア　イ　ウ　エ

オ　カ　キ

(1) 線対称な図形を記号ですべて答えなさい。

〔　　　　　　　　　〕

(2) 点対称な図形を記号ですべて答えなさい。

〔　　　　　　　　　〕

(3) 線対称でも点対称でもない図形を記号ですべて答えなさい。

〔　　　　　　　　　〕

6 右の図は，点Oを中心とした点対称な図形の半分だけをかいたものです。この点対称な図形全体のまわりの長さは，何cmですか。(15点)

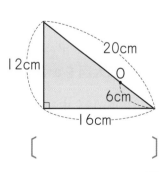

20cm

12cm

O

6cm

16cm

〔　　　　　　　　　〕

11 図形の拡大と縮小

1 下の図を見て，次の問いに答えなさい。

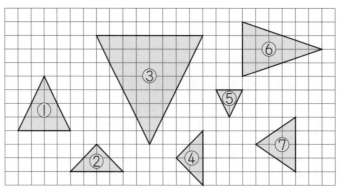

(1) 合同な図形を番号で答えなさい。

〔　　　　　　　　〕

(2) 大きさはちがっても，形が同じものはどれですか。番号ですべて答えなさい。

〔　　　　　　　　〕

(3) (2)で選んだ形が同じ図形には，どのような性質がありますか。2 つ答えなさい。

〔　　　　　　　　　　〕〔　　　　　　　　　　〕

2 右に示した三角形 ABC について，次の問い
に答えなさい。

(1) 点 A を中心にして，三角形 ABC の 2 倍の
拡大図をかきなさい。

(2) 点 A を中心にして，三角形 ABC の $\frac{1}{2}$ の縮
図をかきなさい。

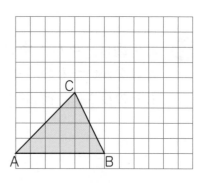

3 次の問いに答えなさい。

(1) 縮尺 1 : 5000 の地図上で，3cm の長さは実際には何 m ですか。

〔　　　　　　〕

(2) 実際の長さが 10km の道は，縮尺 $\dfrac{1}{25000}$ の地図上では何 cm ですか。

〔　　　　　　〕

4 下の図の四角形 EFGH は，四角形 ABCD の $\dfrac{3}{2}$ 倍の拡大図です。

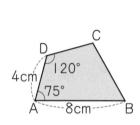
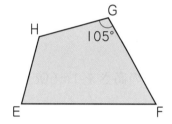

(1) 辺 EF の長さを求めなさい。

〔　　　　　　〕

(2) 角 B の大きさを求めなさい。

〔　　　　　　〕

(3) 四角形 EFGH の面積は，四角形 ABCD の面積の何倍ですか。

〔　　　　　　〕

確認
しよう

拡大図・縮図の性質には，次のようなものがあります。
①対応する辺の長さの比はすべて等しい。
②対応する角の大きさはすべて等しい。
③もとの図形を 2 倍，3 倍，4 倍，……にすると，拡大図の面積は 2×2 倍，
　3×3 倍，4×4 倍，……になる。

ステップ**2**

⏰時　間 35分　✏得　点

👍合　格 80点　　　　　点

1 けんごさんが建物から 8m はなれた場所に立って学校の校舎を見上げたところ，右の図のようになりました。(10点/1つ5点)

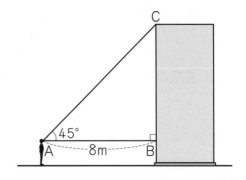

(1) 実際の三角形 ABC の $\frac{1}{200}$ の縮図となる三角形 DEF をかきなさい。

(2) けんごさんの目の高さを 1m60cm として，校舎の高さを求めなさい。

〔　　　　　　　　　　〕

2 右の図のように，高さが 3m の棒 A と高さが 9m の棒 B が地面に垂直に立ててあります。さとしさんは棒 B の先たんに灯りをつけて，その灯りによって地面にできる棒 A のかげの長さについて調べています。(30点/1つ10点)

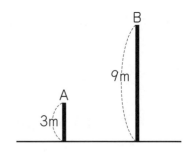

(1) 棒 A と棒 B が 6m はなれているとき，棒 A のかげの長さを求めなさい。

〔　　　　　　　　　　〕

(2) 棒 A のかげの長さと，棒 A と棒 B のきょりを最も簡単な整数の比で答えなさい。

〔　　　　　　　　　　〕

(3) 棒 A のかげの長さが 5m のとき，棒 A と棒 B は何 m はなれていますか。

〔　　　　　　　　　　〕

3 しょうさんとかなさんで，同じ土地の縮図をかきました。しょうさんがかいた縮図の縮尺は $\dfrac{1}{5000}$，かなさんがかいた縮図の縮尺は $\dfrac{1}{25000}$ です。しょうさんの縮図上で $100cm^2$ の面積は，かなさんの縮図上では何 cm^2 ですか。また，その面積は実際には何 km^2 ですか。(10点/1つ5点)

かなさんの縮図 〔　　　　　　　　〕　実際の面積 〔　　　　　　　　〕

4 右の図のような直角三角形 ABC で，頂点 A から辺 BC に垂直におろした線が，辺 BC と交わったところを点 D とします。(30点/1つ10点)

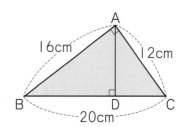

(1) 拡大図・縮図の関係になっている三角形をすべて答えなさい。

〔　　　　　　　　　　　　　　　　〕

(2) 辺 CD の長さを求めなさい。

〔　　　　　　　　　〕

(3) 三角形 ABC と三角形 DAC の面積の比を最も簡単な整数の比で求めなさい。

〔　　　　　　　　　〕

5 右の図の台形 ABCD では，AE：EB＝1：2 となっています。点 E から辺 AD，辺 BC に平行な直線をひき，辺 CD，対角線 BD と交わる点をそれぞれ F，G とします。(20点/1つ10点)

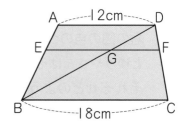

(1) GF と BC の長さの比を最も簡単な整数の比で表しなさい。

〔　　　　　　　　　〕

(2) 直線 EF の長さを求めなさい。

〔　　　　　　　　　〕

12 円の面積

ステップ1

（円周率は 3.14 として計算しなさい。）

1 次の円の面積を求めなさい。

(1) 半径 4cm の円

[　　　　　]

(2) 直径 12cm の円

[　　　　　]

2 次の図形の面積を求めなさい。

(1)

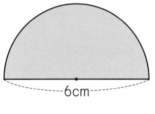

[　　　　　]

(2)

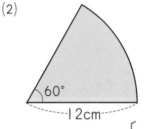

[　　　　　]

3 右の図の色のついた部分の面積を求めなさい。

[　　　　　]

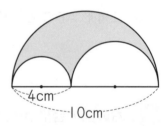

4 右の図の色のついた部分の面積を求めるのに，みほさんとゆうやさんはそれぞれ次のような計算で求めました。それぞれどのような考え方で求めたのか書きなさい。

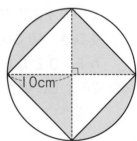

（みほさん）

10×10×3.14÷4＝78.5
10×10÷2＝50
78.5−50＝28.5
28.5×2+50×2＝157(cm²)

（ゆうやさん）

10×10×3.14÷2
＝157(cm²)

みほさん [　　　　　　　　　　　　　]

ゆうやさん [　　　　　　　　　　　　　]

5 次の図の色のついた部分の面積を求めなさい。

(1)

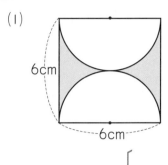

6cm
6cm

［　　　　　　　　　　　　　　　　］

(2)

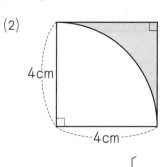

4cm
4cm

［　　　　　　　　　　　　　　　　］

(3)

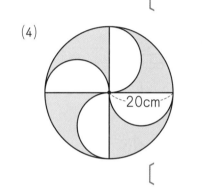

2cm
1cm

［　　　　　　　　　　　　　　　　］

(4)

20cm

［　　　　　　　　　　　　　　　　］

6 右の図の色のついた部分のまわりの長さと面積をそれぞれ求めなさい。

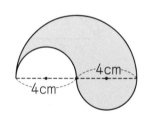

4cm
4cm

まわりの長さ［　　　　　　　　］　面積［　　　　　　　　］

7 右の図の色のついた部分のまわりの長さと面積をそれぞれ求めなさい。

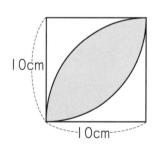

10cm
10cm

まわりの長さ［　　　　　　　　］　面積［　　　　　　　　］

確認
しよう

色のついた部分の面積を求めるときには，全体の面積から色のついていない部分の面積をひいたり，合同な部分に移動させたりして求めます。円周率3.14をかける計算では，分配法則などを使って最後にまとめて計算すると，速く正確に計算できます。

ステップ2

⏰時　間 35分　✏得　点
👍合　格 80点　　　　点

（円周率は3.14として計算しなさい。）

1 下の図の色のついた部分の面積を求めなさい。（32点／1つ8点）

(1)
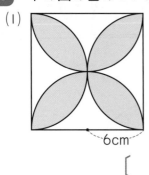
6cm

〔　　　　　〕

(2)
16cm

〔　　　　　〕

(3)
8cm
8cm

〔　　　　　〕

(4)
4cm
2cm
2cm
2cm　2cm
〔プール学院中一改〕

〔　　　　　〕

2 右の図のような辺の長さが9cm，12cm，15cmで
ある直角三角形の中で，色のついた部分の面積を求
めなさい。（8点）

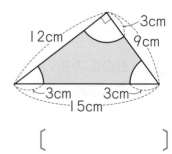
12cm
3cm
9cm
3cm　3cm
15cm

〔　　　　　〕

3 右の図は直角三角形と3つの半円を組み合わせた
図形です。色のついた部分の面積は何cm²ですか。

（10点）〔星野学園中〕

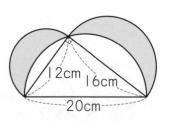
12cm　16cm
20cm

〔　　　　　〕

4 右の図は，AB，AC，CD をそれぞれ直径とする 3 つの半円を組み合わせたものです。この図で，B は CD の真ん中の点で，AB と CD は垂直です。AC の長さが 8cm であるとき，色のついた部分の面積の和を求めなさい。(10点)

〔浦和明の星女子中〕

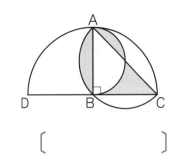

[　　　　　　]

5 右の図は，正三角形と 3 つの半円を組み合わせた図形です。正三角形の 1 辺の長さが 8cm であるとき，色のついた部分の面積の和を求めなさい。(10点) 〔明星中〕

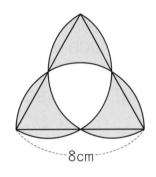

[　　　　　　]

6 3 辺の長さが 12cm，16cm，20cm の直角三角形にきちんと入る円があります。この円と三角形は点 E，F，G でそれぞれ交わっていて，辺 AE と辺 AG，辺 CF と辺 CG の長さは等しいです。

(20点 / 1つ 10点)

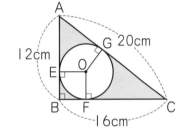

(1) この円の半径は何 cm ですか。

[　　　　　　]

(2) 色のついた部分の面積を求めなさい。

[　　　　　　]

7 右の図のような正三角形 ABC の中に円がぴったり入っていて，その円の中に正三角形がぴったり入っています。正三角形 ABC の面積が 100cm² のとき，円の中の正三角形の面積は何 cm² ですか。(10点)

〔慶應義塾中〕

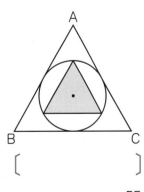

[　　　　　　]

13 平面図形のいろいろな問題

ステップ 1

（円周率は 3.14 として計算しなさい。）

1 右の図のような，縦 3cm，横 1cm の長方形
ABCD があります。これを直線 ℓ に沿って
矢印の方向に移動させます。

(1) 四角形 ABCD を 3cm 移動させた図を，右
の図にかきこみなさい。

(2) 四角形 ABCD が(1)のところまで動いてでき
る図形の面積を求めなさい。

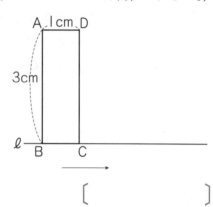

〔　　　　　　〕

2 右の図のような，1辺 3cm の正三角形 ABC
があります。これを三角形 A'B'C' の位置に
くるまで，直線 ℓ 上をすべらないように転が
しました。

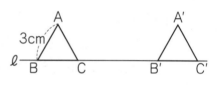

(1) 点 A が点 A' の位置にくるまで動いてできる線を，上の図にかきこみなさい。

(2) (1)の線の長さを求めなさい。

〔　　　　　　〕

(3) (1)の線と辺 AC，辺 A'B' および直線 ℓ で囲まれた部分の面積を求めなさい。

〔　　　　　　〕

3 右の図のような，辺 BC の長さが 6cm の平行四
辺形 ABCD と，BE ＝ AF ＝ 2cm である点 E, F
があります。

(1) 三角形 ABE と面積の等しい三角形をすべて答え
なさい。

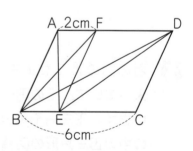

〔　　　　　　〕

(2) 三角形 ABE と三角形 DCE の面積の比を，最も簡単な整数の比で答えなさい。

〔　　　　　　〕

4 右の図のように，縦 5cm，横 8cm の長方形 ABCD と，点 B を出発して辺 BC，CD 上を毎秒 1cm の速さで点 D まで進む点 P があります。

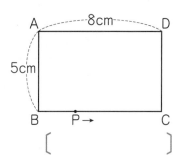

(1) 点 P が点 B を出発してから 6 秒後の三角形 ABP の面積を求めなさい。

〔　　　　　　　〕

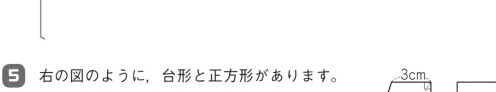(2) 三角形 ABP の面積が変わらないのは，点 P が点 B を出発してから何秒後から何秒後の間ですか。考え方も書きなさい。

〔

　　　　　　　　　　　　　　　　　　　　　　　　　　　　　　　〕

5 右の図のように，台形と正方形があります。今，台形が直線上を矢印の方向に毎秒 1cm の速さで移動します。ただし，正方形は動かないものとします。〔武庫川女子大附中―改〕

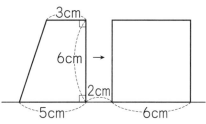

(1) 2 つの図形が重なり始めるのは，台形が動き始めてから 2 秒後で，重なった部分の図形は，① → ② → ③ → ④ と変化していきます。①～④にあてはまる図形は，次のア～キのどれですか。

ア　五角形　　　イ　六角形　　　　ウ　二等辺三角形　　　エ　台形
オ　ひし形　　　カ　直角三角形　　キ　長方形

① 〔　　　　　〕　② 〔　　　　　〕　③ 〔　　　　　〕　④ 〔　　　　　〕

(2) 台形が動き始めてから 4 秒後の 2 つの図形が重なった部分の面積は何 cm² ですか。

〔　　　　　　　〕

(3) 台形が動き始めてから 6 秒後の 2 つの図形が重なった部分の面積は何 cm² ですか。

〔　　　　　　　〕

　三角形や平行四辺形の面積は，底辺の長さと高さで決まります。2 つの図形の高さが同じであれば，底辺の長さの比が面積の比になります。

ステップ**2**

時　間 30分
合　格 80点

得　点

点

（円周率は 3.14 として計算しなさい。）

1 右の図のように，1辺の長さが 20cm の正方形の外側に，半径 5cm の円が接しています。この円を正方形に沿って1周させます。(18点/1つ9点)

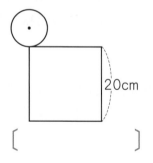

20cm

(1) 円の中心が動いた長さを求めなさい。

[　　　　　]

(2) 円が通った部分の面積を求めなさい。

[　　　　　]

2 右の図のような三角形 ABC があります。辺 AB 上に AD：DB＝1：2 となるように点 D を，辺 BC 上に BE：EC＝1：1 となるように点 E をとります。

(24点/1つ8点)

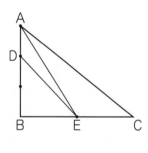

(1) 三角形 ABE と三角形 ABC の面積の比を，最も簡単な整数の比で答えなさい。

[　　　　　]

(2) 三角形 DBE と三角形 ABC の面積の比を，最も簡単な整数の比で答えなさい。

[　　　　　]

(3) 三角形 ABC の面積が 27cm^2 のとき，四角形 ADEC の面積を求めなさい。

[　　　　　]

3 右の図は，直径が 9cm である半円を点 A を中心として反時計回りに 60° 回転させてできた図形です。色のついた部分の面積を求めなさい。(8点)　〔京都女子中一改〕

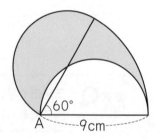

60°

9cm

[　　　　　]

4 右の図は，1辺が10cmの正方形の左上の頂点に長さ 30cmの糸をつないだものです。この糸の上のはしを持って糸がたるまないようにしながら，正方形の周囲に時計回りに糸を巻きつけます。

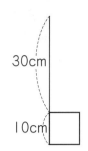

(1) 手で持っていたほうの糸のはしが動いてできる線を，右の図にかきこみなさい。(8点)

(2) 糸が通った部分の面積を求めなさい。(9点)

[　　　　　　　]

5 右の図のような，AB = 4cm，BC = 8cm，CD = 5cm，DA = 5cmの台形があります。点Pは，点Aを出発して辺AD，DC，CB上を毎秒1cmの速さで，点Bまで進みます。

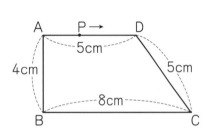

(1) 点Pが点Bに着くのは，点Aを出発してから何秒後ですか。(7点)

[　　　　　　　]

(2) 三角形ABPの面積が8cm²になるときは2回あります。点Pが点Aを出発してから何秒後と何秒後ですか。(9点)

[　　　　　　　]

6 右の図のように，縦6cm，横8cmの長方形 ABCDと，半径6cmのおうぎ形ABEが重なっています。

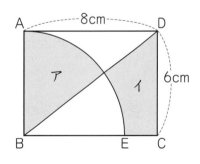

(1) おうぎ形ABEの面積を求めなさい。(8点)

[　　　　　　　]

(2) 色のついた部分アとイの面積の差を求めなさい。(9点)

[　　　　　　　]

（円周率は 3.14 として計算しなさい。）

1 図のように，おうぎ形を中心 O が弧（曲線部分）に重なるように折りました。角 x は何度ですか。(10点)　〔中央大附中〕

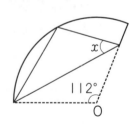

［　　　　　　　］

2 右の図のように，中心角が 90 度のおうぎ形と長方形を重ねたところ，色のついた①の部分と②の部分の面積が等しくなりました。AB の長さを求めなさい。(12点)　〔開智中〕

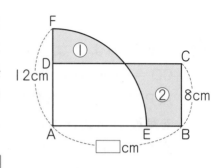

［　　　　　　　］

3 次の 2 つの図のように，正三角形の各頂点を中心として，半径が 1cm の円を 3 つかきます。このとき，正三角形と 3 つの円でできた色のついた部分の面積を考えます。ただし，1 辺の長さが 1cm の正三角形の面積は 0.43cm² とします。(30点／1つ10点)　〔高輪中〕

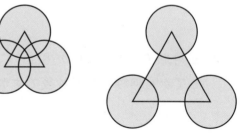

(1) 正三角形の 1 辺の長さを 2cm とします。

① 1 辺の長さが 2cm の正三角形の面積は何 cm² ですか。

［　　　　　　　］

② 色のついた部分の面積は何 cm² ですか。

［　　　　　　　］

(2) 正三角形の 1 辺の長さを 1cm とします。色のついた部分の面積は何 cm² ですか。

［　　　　　　　］

4 右の図は，1辺の長さが 4cm，6cm，10cm の正方形を並べた図です。図の色のついた部分の面積の合計を求めなさい。(12点)〔清風南海中〕

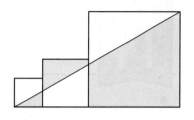

〔　　　　　　　〕

5 (図1)のような台形 ABCD の辺上を点 P が点 A から出発して，点 B，点 C を通って点 D まで一定の速さで動きます。(図2)のグラフは，点 P が点 A を出発してからの時間と，三角形 ADP の面積の関係を表しています。(24点 / 1つ12点)

〔関西大北陽中－改〕

(図1)
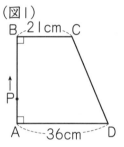

(図2)
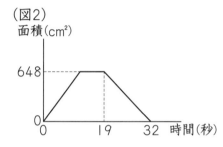

(1) 点 P が動く速さは秒速何 cm か答えなさい。

〔　　　　　　　〕

(2) 三角形 ADP の面積が2回目に216cm² になるのは，点 P が点 A を出発してから何秒後か答えなさい。

〔　　　　　　　〕

6 右の図のような，三角形 ABC が1辺の長さ 6cm の正三角形である図形があります。三角形 ABC の面積は，三角形 CDE の面積の何倍ですか。(12点)

〔同志社女子中－改〕

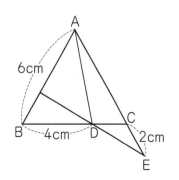

〔　　　　　　　〕

14 角柱と円柱の体積と表面積

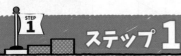

（円周率は 3.14 として計算しなさい。）

1 次の図形の表面積を求めなさい。

(1)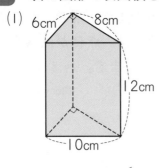

(2)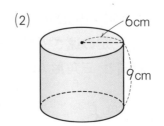

〔　　　　　　　〕　　　　　　　　〔　　　　　　　〕

2 次の図形の体積を求めなさい。

(1)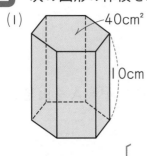

(2)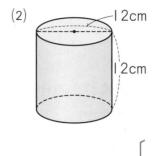

〔　　　　　　　〕　　　　　　　　〔　　　　　　　〕

3 下の図形⑦，⑦の体積を比べると，どちらがどれだけ大きいですか。

⑦ 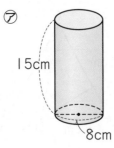　　⑦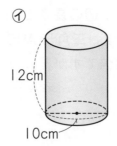

〔　　　　　　　〕

4 右の図の展開図を組み立ててできる立体の体積を求めなさい。

〔足立学園中〕

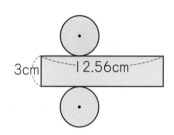

〔　　　　　　　　〕

5 右の図の展開図を組み立ててできる立体の体積と表面積を求めなさい。

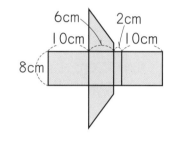

体積〔　　　　　　　　〕

表面積〔　　　　　　　　〕

6 右の図のような大きな円柱から小さな円柱をくりぬいてできた立体があります。この立体の体積と表面積を求めなさい。

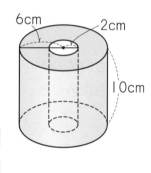

体積〔　　　　　　　　〕

表面積〔　　　　　　　　〕

7 右の図形を直線 ℓ を軸として 1 回転させてできる立体の体積を求めなさい。図形の角はすべて直角になっています。

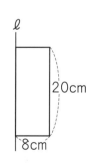

〔　　　　　　　　〕

 確認しよう 角柱や円柱の体積は(底面積)×(高さ)で求めることができ，高さは底面に対して垂直になっています。複雑な問題では立体の置き方をくふうして，どこを底面にして，どこを高さにするかを決めてから体積を求めましょう。

STEP 2 **ステップ2**

月　日　答え ➡ 別冊23ページ

⏱時　間 40分　　✏得　点

👍合　格 80点　　　　　点

（円周率は 3.14 として計算しなさい。）

1 次の図形の体積を求めなさい。(20点/1つ10点)

(1)

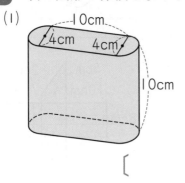

10cm　4cm　4cm　10cm

(2)　　　　　　　　　　　　　　　　〔武庫川女子大附中〕

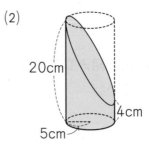

20cm　4cm　5cm

[　　　　　　]　　　　　[　　　　　　]

2 次の問いに答えなさい。(20点/1つ10点)　　　〔共立女子第二中〕

(1) 高さが12cmで体積が942cm³である円柱の容器の底面の直径を求めなさい。

[　　　　　　]

(2) 右の図のように，(1)の容器にぴったり入る正四角柱の体積を求めなさい。

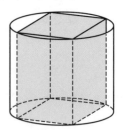

[　　　　　　]

3 (図1)のような直方体があります。この直方体を(図1)のように切断し，(図2)のような2つの立体をつくります。

(20点/1つ10点)

〔神戸海星女子中〕

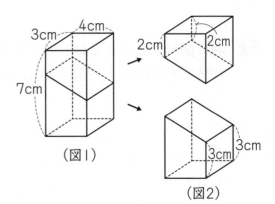

3cm　4cm　7cm　2cm　2cm　3cm　3cm

(図1)　　(図2)

(1) (図2)の2つの立体の体積の差を求めなさい。

[　　　　　　]

(2) (図2)の2つの立体の表面積の差を求めなさい。

[　　　　　　]

4 右の図のような直方体の上に三角柱の形をした部分が続いている立体があります。この立体の体積を求めなさい。(10点)　〔雙葉中－改〕

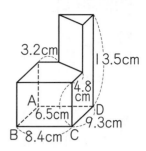

〔　　　　　　〕

5 右の図のように，直方体を組み合わせた立体があります。この立体の体積と表面積を求めなさい。

(20点 /1つ10点)〔大阪信愛学院中〕

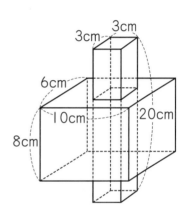

体積〔　　　　　　〕

表面積〔　　　　　　〕

6 右の図形を直線ℓを軸として1回転させてできる立体の体積を求めなさい。図形の角はすべて直角になっています。(10点)

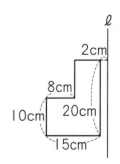

〔　　　　　　〕

立体のいろいろな問題

ステップ1

1 右の（図1）のような立方体があります。点P, Q, R, S, Tは, それぞれ辺 AE, BF, CG, DH, FG の真ん中の点です。（図2）は, この立方体を3つの点, P, Q, Rを通る平面で切ったときの切り口を表したものです。

この立方体を次の3つの点を通る平面で切ると, 切り口はどのような形になるでしょうか。（図2）のように, 切り口を実線でかき, 切り口の形を答えなさい。

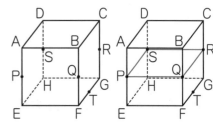

(1) 点 A, C, F (2) 点 C, P, Q (3) 点 D, P, F (4) 点 D, P, T

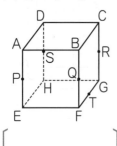 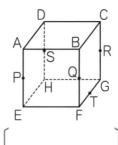 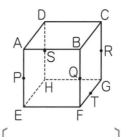 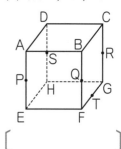

〔　　　〕〔　　　〕〔　　　〕〔　　　〕

2 右の図のような1辺が2cmの立方体の積み木の面どうしをはり合わせて作った立体があります。

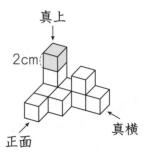

(1) この立体を, 正面, 真横, 真上の3方向から見ます。色のついた積み木が下の図の位置に見えるとき, 残りの積み木はどのように見えますか。下の図で積み木が見えるところに色をぬりなさい。

（正面）　　（真横）　　（真上）

(2) この立体の表面積を求めなさい。　　　　〔　　　　　　〕

(3) この立体の体積を求めなさい。　　　　〔　　　　　　〕

3 立方体のブロックを，図のように何個か積み重ねて立体を作ります。10段積み重ねるのに必要なブロックは何個ですか。

〔関西大第一中〕

〔　　　　　　　　〕

4 1辺1cmの立方体20個を図のように積み，底面以外の全体に色をぬりました。その後，ばらばらにしました。このとき，一番上の立方体は ア 面に色がぬられています。

また，4面に色がぬられている立方体は イ 個，3面に色がぬられている立方体は ウ 個，2面に色がぬられている立方体は エ 個，まったく色がぬられていない立方体は オ 個あります。ア〜オにあてはまる数を答えなさい。

〔開明中一改〕

ア〔　　　〕 イ〔　　　〕 ウ〔　　　〕 エ〔　　　〕 オ〔　　　〕

5 図のように，三角柱を面ABCDに平行な平面で，3つの立体に分け，真ん中の立体の切り口以外の面に色をつけました。

〔プール学院中〕

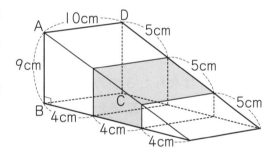

(1) 色をつけた部分を，下の展開図にぬりなさい。ただし，・は各辺を3等分する点です。

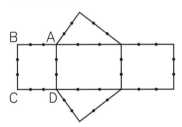

(2) 真ん中の立体の体積を求めなさい。

〔　　　　　　　　〕

 立体を切断するとは，平面と平面が交わるということです。立方体を切断するときには，次のようなきまりがあります。
①切り口の線は直線で，立方体の1つの面に切り口の線は1本しかない。
②立方体の向かいあう面にある切り口の線は平行である。

ステップ**2**

⏰時 間 40分　📝得 点
👍合 格 80点　　　点

1 右の図は，立体を真正面から見た図と真上から見た図です。この立体の体積と表面積を求めなさい。ただし，円周率は 3.14 とします。(16点/1つ8点)

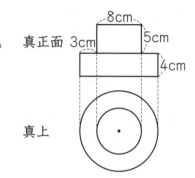

真正面　3cm

8cm
5cm
4cm

真上

体積 〔　　　　　　〕

表面積 〔　　　　　　〕

2 (図1)の立体は，立方体から直方体を2つの方向から取り除いたものです。この立体を真横，真正面，真後ろの四方向から見ると，すべて(図2)のようになります。この立体の体積は何 m³ ですか。

(8点)〔帝塚山学院泉ヶ丘中〕

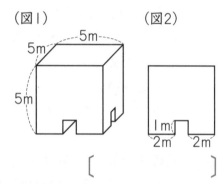

(図1)　　　　　(図2)

5m
5m
5m

1m
2m　2m

〔　　　　　　〕

3 1辺の長さが 4cm の正四面体があります。各辺の上にあり，1つの頂点から1cm はなれた3つの点を通る平面で正四面体を切り，正四面体の頂点をふくむ同じ大きさの立体を4つ取り除きます。残った立体は，面の数が ① ，辺の数が ② ，頂点の数が ③ となります。①〜③にあてはまる数を答えなさい。「正四面体」とは，「4つの面が同じ大きさの正三角形である立体」のことです。

(24点/1つ8点)〔西大和学園中〕

① 〔　　　　〕　② 〔　　　　〕　③ 〔　　　　〕

4 1辺の長さが 1cm の立方体をいくつか積み上げてできた立体があります。この立体を真上から見た図が(図1)です。また，アの向きから見た図が(図2)，イの向きから見た図が(図3)です。この立体に使われている立方体の個数は，最も少ない場合で何個ですか。(7点)　　〔帝塚山学院泉ヶ丘中〕

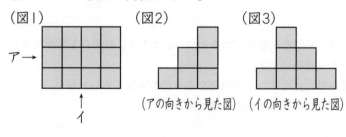

(図1)　　　　　(図2)　　　　　(図3)

ア→

イ

(アの向きから見た図)　(イの向きから見た図)

〔　　　　　　〕

5 図のように，立方体 ABCDEFGH があります。点 L, M, N は，それぞれ辺 BC, 辺 AB, 辺 AD の真ん中の点です。

〔フェリス女学院中－改〕

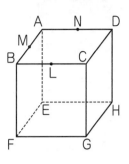

(1) この立方体の辺の上や頂点に点 P をとります。三角形 ABP が二等辺三角形になるような，点 P のとり方は何通りありますか。(8点)

[　　　　　　　]

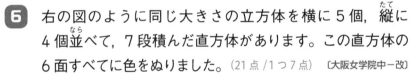(2) この立方体を，3つの点 L, N, G を通る平面で切ったとき，2つに分かれた立体の表面積の差は，もとの立方体の表面積の ア 倍です。また，2つに分かれた立体の体積の差は，もとの立方体の体積の イ 倍です。 ア , イ にあてはまる数をそれぞれ求めなさい。どのようにして求めたかがわかるように，考え方や式も書きなさい。(16点 / 1つ8点)

[

]

6 右の図のように同じ大きさの立方体を横に5個，縦に4個並べて，7段積んだ直方体があります。この直方体の6面すべてに色をぬりました。(21点 / 1つ7点) 〔大阪女学院中－改〕

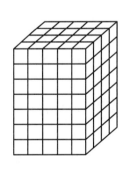

(1) 2面だけがぬられている立方体は何個ありますか。

[　　　　　　　]

(2) 1面だけがぬられている立方体は何個ありますか。

[　　　　　　　]

(3) 1面もぬられていない立方体は何個ありますか。

[　　　　　　　]

16 容積・水量の変化とグラフ

ステップ 1

1 右のような，厚さがどこも 1cm の密閉容器に水が 6cm の深さまで入っています。

(1) 水の体積を求めなさい。

〔　　　　　　　　　〕

(2) この容器を，面 ABCD が底面になるように置きました。水の深さは何 cm になりますか。

〔　　　　　　　　　〕

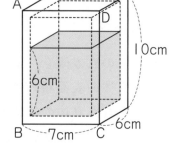

2 縦 20cm，横 40cm，高さ 20cm の直方体の水そうに，水が 10cm の深さまで入っています。また，縦 10cm，横 15cm，高さ 8cm の直方体のおもりと，1 辺の長さがわからない立方体のおもりがあります。

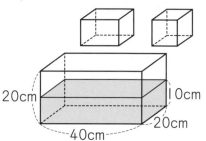

(1) 直方体のおもりを水中に完全にしずめました。水の深さは何 cm になりますか。

〔　　　　　　　　　〕

(2) 立方体のおもりを水中に完全にしずめると，水面の高さが 1.25cm 上がりました。立方体の 1 辺の長さは何 cm ですか。

〔　　　　　　　　　〕

3 11L の水が入る水そうに，A，B の 2 種類のじゃ口を使って水を入れます。じゃ口 A は 1 分間あたり 2L，じゃ口 B は 1 分間あたり 0.75L ずつ水を入れることができます。はじめの 4 分間はじゃ口 A だけを使い，その後はじゃ口 B だけを使って満水になるまで水を入れました。

(1) 水を入れ始めてから満水になるまでのようすを右のグラフに表しなさい。

(2) はじめからじゃ口 A とじゃ口 B の両方を使って水を入れると，水そうは何分間で満水になりますか。

〔　　　　　　　　　〕

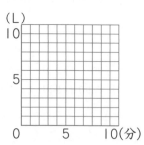

4 (図1)のような仕切りのある直方体の水そうに，一定
の割合（わりあい）で水を入れていきます。このとき，⑦の部分の
底面から水面までの高さを表したグラフは(図2)のよ
うになります。

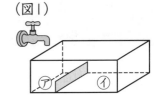
(図1)

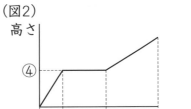

(1) グラフの①〜③の部分は，それぞれ水そうのど
のようなようすを表していますか。次のア〜ウ
から選び，記号で答えなさい。

(図2)

　ア　水そう全体に水が入っている
　イ　⑦からあふれた水が⑦に入っている
　ウ　⑦だけに水が入っている

　　　　　　　　　　　① 〔　　　　〕 ② 〔　　　　〕 ③ 〔　　　　〕

(2) ④は何を表していますか。

〔　　　　　　　　　　　〕

(3) ①の部分と③の部分では，グラフのかたむき方が異（こと）なっています。理由を答え
なさい。

〔　　　　　　　　　　　　　　　　　　　　　　　　　〕

5 水が120L入った水そうから，一定の割合で水をぬきます。
右のグラフは，そのときのようすを表したものです。水そ
うが空になるのは，水をぬき始めてから何分後ですか。

〔開智中〕

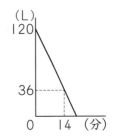

〔　　　　　　　　　　　〕

確認
しよう

グラフの折れている部分では，容器の底面積や増える水の量など状態が変化していま
す。どのように変化したかに気をつけて，**4**(1)のようにグラフの直線部分では容器
内がどのようなようすになっているか常に考えるようにしましょう。

⏰時　間 30分　　✏️得　点

👍合　格 80点　　　　点

1 右の(図1)のように，内のりが縦30cm，横14cm，深さ 20cmの直方体の容器に水がいっぱいに入っています。

(18点 /1つ9点)〔滝川中一改〕

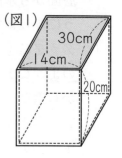

(1) 右の(図2)のように，この容器を45°かたむけると水がいくらかこぼれました。このとき，容器に残っている水は何Lありますか。

〔　　　　　　　　　〕

(2) (1)で残った水を，内のりの底面積が780cm²で高さが15cmの円柱の形をした容器に移しかえます。このとき，水の深さは何cmになりますか。

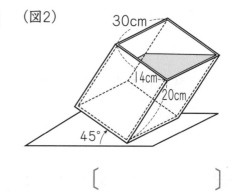

(図2)

〔　　　　　　　　　〕

2 右の(図1)のような水そうがあります。この水そうに，はじめはA管だけを開いて水を入れ，とちゅうからはB管も開いて2つの管で水を入れたところ，B管を開いてから16分後に水そうが満水になりました。(図2)のグラフは，このときのA管で水を入れ始めてからの時間と，水そうにたまった水の深さの関係を表したものです。(27点 /1つ9点)

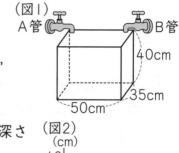

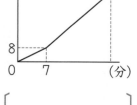

(1) A管，B管が1分間に入れる水の量はそれぞれ何cm³ですか。

A管〔　　　　　　　〕 B管〔　　　　　　　〕

(2) 水そうに水を入れ始めてから10分後の水の深さを求めなさい。

〔　　　　　　　　　〕

3 （図1）のようなドリンクサーバーにジュースがいっぱいに入っています。じゃ口をひねると，毎分一定の割合（わりあい）でジュースが出るようになっています。（図2）は，じゃ口をひねってからの時間と，ドリンクサーバーの底面からジュースの上面までの高さの関係を表したものです。（18点 / 1つ9点）

(1) グラフの⑥にあてはまる数を答えなさい。

[　　　　　　　]

(2) じゃ口をひねってから何分後にドリンクサーバーは空になりますか。

[　　　　　　　]

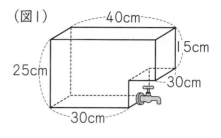
（図1）

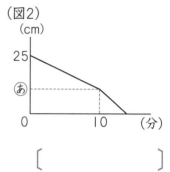
（図2）

4 （図1）のように，直方体の水そうが厚さ1cmの直方体の板で仕切られています。この水そうに，板の左側から毎分320cm³の割合で水を入れます。（図2）は，このときの時間と水面の高さとの関係を表しています。水面の高さは，水そうの左側を見て測ったものです。

〔帝塚山学院中－改〕

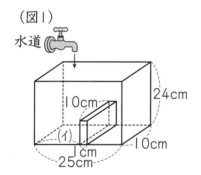
（図1）

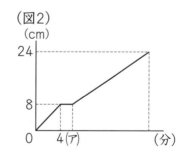
（図2）

(1) グラフの(ア)にあてはまる数は何ですか。(8点)

[　　　　　　　]

(2) 図の(イ)の長さは何cmですか。(9点)

[　　　　　　　]

(3) 水を入れ始めてから16分後の水面の高さは何cmですか。(10点)

[　　　　　　　]

(4) 水を入れ始めてから水そうが満水になるまでに，何分何秒かかりますか。(10点)

[　　　　　　　]

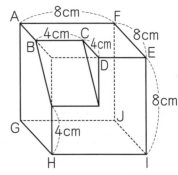

月　日　答え ➡ 別冊28ページ

⏰時 間 35分　✏得 点

👍合 格 80点　　　　点

1 図のような図形を，AB を通る直線を軸にして 1 回転させたときにできる立体の体積と表面積を求めなさい。ただし，円周率は 3.14 とします。(16点/1つ8点)〔関西学院中一改〕

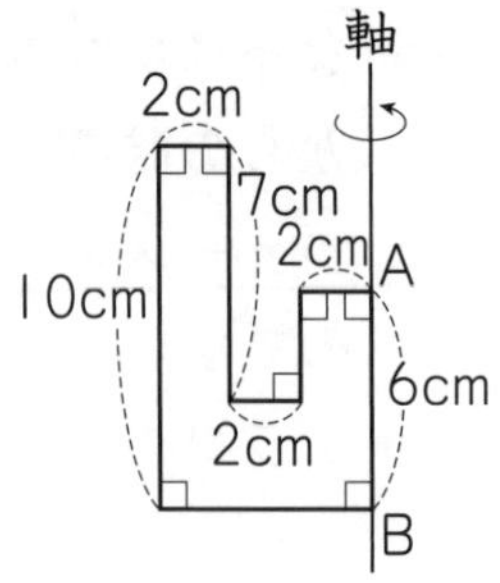

体積 〔　　　　　　　〕　表面積 〔　　　　　　　〕

2 右の図のような 1 辺 8cm の立方体から三角柱を切り取ってできた立体があります。(18点/1つ9点)

(1) この立体と切り取った三角柱の表面積の差を求めなさい。

〔　　　　　　　〕

(2) この立体を，頂点 E，G，J の 3 点を通る平面で切ったとき，頂点 A をふくむほうの立体の体積を求めなさい。

〔　　　　　　　〕

3 色のぬられていない同じ大きさの立方体の積み木を使って直方体を作ります。できた直方体の 6 つの面に，反対側の面が同じ色になるように赤色，青色，黄色の 3 色をぬりました。積み木を数えたところ，赤色と青色だけがぬられたものは 16 個，青色と黄色だけがぬられたものは 12 個，黄色と赤色だけがぬられたものは 20 個でした。〔同志社国際中一改〕

(1) 赤色だけがぬられた積み木は何個ありますか。(8点)

〔　　　　　　　〕

(2) 積み木は全部で何個使いましたか。(8点)

〔　　　　　　　〕

(3) 同じ個数の新しい積み木を全部使って別の直方体を作り，同じように色をぬったところ，赤色だけがぬられた積み木が 72 個ありました。青色と黄色の 2 色だけがぬられた積み木は何個ありますか。(9点)

〔　　　　　　　〕

4 図のように，1辺8cmの立方体の容器に深さ6cmまで水が入っています。底辺が1辺5cmの正方形で高さが10cmの直方体のおもりを，容器の底につくまでまっすぐ入れると，水は何cm³容器からこぼれますか。(8点) 〔関西学院中〕

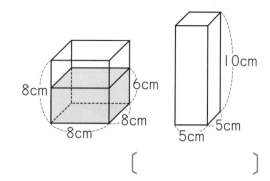

[　　　　　]

5 右の(図1)のような底面が直角二等辺三角形である三角柱の容器に，水が入っています。面ABCDが底になるように置いたとき，水面の高さは容器の高さの $\frac{2}{3}$ になりました。この水をすべて(図2)のような直方体の容器に移しかえると，水の深さは何cmになりますか。(9点)

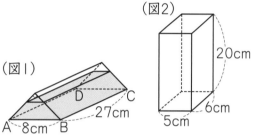

[　　　　　]

6 (図1)のような容積が600Lの直方体の形をした水そうがあります。水そうには管Aと管Bがついていて，次の操作がくり返されます。

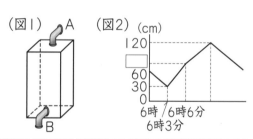

┌─────────────────────────────────────┐
│ ① 水面の高さが30cmになるとBが閉じて，同時にAが開く。 │
│ ② 水面がある高さになると再びBが開き，満水になるとAだけが閉じる。 │
└─────────────────────────────────────┘

A，Bから出る水の量はそれぞれ一定で，その比は，9:5です。(図2)はある時間帯の時刻と水面の高さの関係を表したものです。(24点/1つ8点) 〔鎌倉女学院中〕

(1) 管Bからは毎分何Lの水が出されますか。

[　　　　　]

(2) (図2)のグラフの □ にあてはまる数を求めなさい。

[　　　　　]

(3) 満水になってから，次に満水になるまで何分かかりますか。

[　　　　　]

17 倍数算

1 けんたさんとりょうたさんの所持金の比は 3：2 でしたが，けんたさんが 200 円使ったので，その比が 4：3 になりました。はじめのけんたさんとりょうたさんの所持金を求めるのに，次のように考えました。ア〜キにあてはまる数や式，ことばを書きなさい。

　　 ア さんの所持金ははじめと変わっていないので，ア さんの比をそろえます。

　　　　　　　　けんた　りょうた　　　　けんた　　りょうた
　　はじめ　　 3　：　2　　＝　 イ 　：　 6
　　あ　と　　 4　：　3　　＝　 ウ 　：　 6

　　けんたさんの比の（イ －ウ）が 200 円にあたるので，
　　はじめのけんたさんの所持金は，
　　| エ |より，オ 円
　　はじめのりょうたさんの所持金は，
　　| カ |より，キ 円

ア〔　　　　〕 イ〔　　　〕 ウ〔　　　〕 エ〔　　　　　　　〕

　　　　　オ〔　　　〕 カ〔　　　　　　〕 キ〔　　　　　〕

2 はじめ，ひろし君とやすひろ君の所持金の比は 9：4 でしたが，ひろし君が 840 円使ったので，ひろし君とやすひろ君の所持金の比は 3：2 になりました。やすひろ君は何円持っていますか。　　　　　〔開明中〕

〔　　　　　　　〕

3 赤いリボンの長さと白いリボンの長さの比は 9：4 でしたが，赤いリボンを 70cm 使ったので，赤いリボンの残りの長さと白いリボンの長さの比が 5：3 になりました。赤いリボンの使う前の長さは何 cm でしたか。　　　　　〔京都橘中〕

〔　　　　　　　〕

4 A さんと B さんの所持金の比は 1：2 です。2 人とも 700 円を使ったところ、A さんと B さんの所持金の比は 4：15 になりました。A さんのはじめの所持金はいくらでしたか。
〔共立女子第二中〕

〔　　　　　　　　　　〕

5 兄と弟の所持金の比が 7：3 で、400 円ずつもらうと所持金の比が 2：1 になるそうです。実際には 400 円ずつはらったため、所持金の比は □ となりました。□ にあてはまる比を求めなさい。
〔開智中〕

〔　　　　　　　　　　〕

6 ようこさんは 3500 円、弟は 2600 円持っていました。2 人が同じ金額ずつ出しあってプレゼントを買ったところ、ようこさんと弟の残金の比が 3：2 になりました。プレゼントの値段（ね だん）はいくらでしょうか。

〔　　　　　　　　　　〕

7 姉と妹の所持金の比は、はじめは 3：2 でしたが、姉が妹に 450 円あげたため、姉と妹の所持金は等しくなりました。姉と妹のはじめの所持金はいくらでしたか。
〔光塩女子学院中〕

姉〔　　　　　　　　〕　妹〔　　　　　　　　〕

8 ある学年で、遠足の行き先について水族館と動物園のどちらに行きたいか希望を聞いたところ、水族館を希望した人と動物園を希望した人の比は 4：5 でした。1 週間後に希望を聞き直したところ、動物園から水族館に希望を変えた人が 30 人いたので、その比は 7：5 になりました。この学年の人数を求めなさい。ただし、学年の人数に変化はなく、全員がどちらか一方だけを選んだものとします。
〔大阪教育大附属池田中〕

〔　　　　　　　　　　〕

確認
しよう

倍数算では、変わらないものに注目して、比や比の和・差をそろえます。
・一方の数量だけ増える（減る）…もう一方の数量が変わらない　→一方の比をそろえる
・同じ数量ずつ増える（減る）　…2 つの数量の差が変わらない　→比の差をそろえる
・2 つの数量間でのやりとり　…2 つの数量の合計が変わらない→比の和をそろえる

月	日	答え ➡ 別冊30ページ

ステップ 2

STEP 2

時間 40分
合格 80点
得点　　点

1 最初，姉の所持金は妹の所持金の４倍でした。そこで，姉が妹に240円わたすと，姉の所持金は妹の所持金の３倍になりました。最初の姉の所持金は何円ですか。

（10点）〔桐光学園中〕

〔　　　　　〕

2 ゆみ子さんの家には畑と花だんがあり，はじめ，畑と花だんの面積の比は５：１でした。そこから，畑の一部を花だんに変えたので，畑と花だんの面積の比は11：４になりました。はじめの畑のうち，花だんに変えた部分の面積は，はじめの畑の面積の何％にあたりますか。（10点）〔同志社女子中〕

〔　　　　　〕

3 文具店にノートとえん筆を買いに行きました。定価は，ノート９冊（さつ）とえん筆34本が同じ値段（ねだん）でしたが，セール期間中だったため，どれでも１つにつき20円ずつ安くなっていました。すると，ノート１冊はえん筆６本と同じ値段になりました。セール期間中にノート５冊とえん筆８本を買い，千円札を出すと，おつりはいくらでしょうか。（10点）

〔　　　　　〕

4 Aさん，Bさん，Cさんの所持金の比は１：５：６です。AさんがBさんから1000円もらい，BさんがCさんの所持金の $\frac{1}{6}$ をもらうと，AさんとBさんの所持金は同じになりました。Aさんのはじめの所持金はいくらですか。

（13点）〔豊島岡女子学園中〕

〔　　　　　〕

5 3姉妹であるサクラさん，カエデさん，アオイさんの所持金の割合は 10：5：3 でした。サクラさんがアオイさんに 400 円わたし，カエデさんがアオイさんに何円かわたすと，3人の所持金の割合は 7：4：4 になりました。(30点/1つ10点)

〔青山学院横浜英和中〕

(1) サクラさんの最初の所持金は何円でしたか。

〔　　　　　　　〕

(2) カエデさんはアオイさんに何円わたしましたか。

〔　　　　　　　〕

(3) さらに祖母から3人が同じ金額をもらったところ，最後の所持金の割合は 3：2：2 になりました。
このとき，祖母は3人にそれぞれ何円わたしましたか。

〔　　　　　　　〕

6 AさんとBさんがいくらかずつお金を持っています。AさんがBさんに 150 円わたすとすると，2人の所持金が等しくなります。BさんがAさんに 300 円わたすとすると，Aさんの所持金はBさんの所持金の 10 倍になります。Aさんの所持金はいくらですか。(14点)

〔桐光学園中〕

〔　　　　　　　〕

7 兄は 5000 円，弟は 3500 円持っていましたが，お正月におばあさんからお年玉をもらいました。兄は弟の2倍の金額をもらったので，兄の所持金と弟の所持金の比が 7：4 になりました。兄はおばあさんからお年玉を何円もらいましたか。(13点)

〔関東学院中〕

〔　　　　　　　〕

18 仕事算

ステップ1

1 ある仕事をするのに，Aさんは15日かかり，Bさんは10日かかります。Aさんと Bさんの2人で仕事をすると何日で仕事を終えることができるかについて，ひかるさんとちひろさんは次のように考えました。それぞれア，イ，エ，オにあてはまる数を入れ，ウ，カにあてはまる考え方の続きを書いて答えを求めなさい。

〈ひかるさんの考え方〉

全体の仕事量を1とすると，

Aさんの1日の仕事量は $\dfrac{1}{15}$

Bさんの1日の仕事量は ア なので，

2人でする1日の仕事量は イ

ウ

ア〔　　　　〕　イ〔　　　　　〕

ウ〔　　　　　　　　　　　　　　　〕

〈ちひろさんの考え方〉

全体の仕事量を15と10の最小公倍数 エ とすると，

Aさんの1日の仕事量は2

Bさんの1日の仕事量は オ なので，

カ

エ〔　　　　〕　オ〔　　　　　〕

カ〔　　　　　　　　　　　　　　　〕

2 ある部屋のそうじをするのに兄は10分かかり，同じ部屋をそうじするのに弟は16分かかります。はじめに弟が8分そうじして，残りを兄がそうじすることになりました。兄がそうじを終えるのに何分かかりますか。

〔　　　　　　　　　〕

3 ある仕事を終えるのにAさんは12分，Bさんは16分，Cさんは24分かかりました。Aさん，Bさん，Cさんの3人で仕事をすると，仕事を終えるのに何分何秒かかりますか。

〔　　　　　　　　　〕

4 4人でするど43日かかる仕事があります。この仕事をはじめは6人で18日間かけてやりました。残りの仕事を4日間で終わらせるためには，人数をどれだけ増やす必要がありますか。

〔   〕

5 機械Aを3台使うと8日かかり，機械Bを4台使うと9日かかる仕事があります。

(1) 機械Aと機械Bのそれぞれ1台が1日あたりにする仕事量の比を求めなさい。

〔   〕

(2) この仕事を機械A4台と機械B3台を使ってすると，何日で終えることができますか。

〔   〕

6 何人かの作業員たちが工事をしていて，4日間で工事全体の$\frac{2}{5}$を終えました。その後，残りの工事を前の$\frac{1}{3}$の人数だけで終えなければなりませんでした。工事はあと何日かかりますか。

〔   〕

7 8人でするど31日かかる仕事があります。はじめはこの仕事を8人全員で何日間かしました。しかし，とちゅうから2人が休んで，6人で仕事をしたので，はじめから36日間で仕事を終えました。8人で仕事をしたのは何日間か求めなさい。

〔神奈川学園中〕

〔   〕

確認
しよう

仕事算の解き方①：1日あたりの仕事量を求めるために仕事の全体量を1とおく。
仕事算の解き方②：仕事の全体量を仕事にかかる時間や日数の最小公倍数とおく。
　　例）**2**の場合：兄と弟のそうじにかかった時間10分と16分の最小公倍数80を仕事の全体量とする。

月　日　答え ➡ 別冊33ページ

ステップ 2

時間 40分　合格 80点　得点　点

1 兄弟２人が２時間かかって，3200m² の土地の草取りができます。同じ時間で草取りをすると，兄が草取りをした面積は，弟が草取りをした面積の３倍にあたります。4000m² の土地の草取りをするのに，兄が１人で２時間草取りをした後，残りを弟１人で草取りをしました。あと何時間かかるか求めなさい。(10点)　〔東京女学館中〕

〔　　　　〕

2 それぞれ一定の量の水が出る大きい管と小さい管を使ってタンクに水を入れます。大きい管を４本使うと９分で満水になり，大きい管３本と小さい管２本を使うと８分で満水になります。(20点/1つ10点)　〔関東学院中一改〕

(1) 小さな管１本だけ使うと何分で満水になりますか。

〔　　　　〕

(2) 大きい管 10 本と小さい管８本を使うと何分何秒で満水になりますか。

〔　　　　〕

3 ある仕事を１人だけで完成させるのに，姉は 12 日間かかり，妹は 24 日間かかり，弟は 18 日間かかります。はじめ姉が数日間仕事をし，次に妹が数日間仕事をし，最後に弟が数日間仕事をしたので，全部で 16 日間で完成させることができました。姉と弟が同じ日数だけ仕事をしていたとき，姉，妹，弟はそれぞれ何日間ずつ仕事をしましたか。(15点)　〔田園調布学園中一改〕

姉〔　　　　〕　妹〔　　　　〕　弟〔　　　　〕

4 一郎君が，ある作業を1人で行うと終わるのに30日かかります。一郎君と二郎君が2人でこの作業を行うと，作業の速さが一郎君は1人のときの1.2倍に，二郎君は1人のときの0.4倍になり，終わるのに15日かかります。この作業を二郎君が1人で行うと，終わるのに何日かかりますか。(10点) 〔六甲学院中〕

〔　　　　　　〕

5 じゃ口A，B，Cを使ってそれぞれ一定の割合で，ある水そうに水を入れます。AとBのじゃ口を使うと6分で水そうがいっぱいになります。また，BとCのじゃ口を使うと10分で水そうがいっぱいになります。AとCのじゃ口を使うと7分30秒で水そうがいっぱいになります。Bのじゃ口だけを使って水そうに水を入れると，何分でいっぱいになるでしょうか。(15点) 〔同志社国際中〕

〔　　　　　　〕

6 ある水そうに3つの給水管A，B，Cを使って水を入れます。空の状態から満水になるまで，管Aだけを使うと30分間かかります。管Aと管Bの両方を使うと18分間かかります。(30点 / 1つ10点) 〔桜美林中〕

(1) 管Bだけを使って満水にするには何分間かかりますか。

〔　　　　　　〕

(2) はじめに管Aだけを使い，とちゅうから管Bも使ったところ，20分間で満水になりました。管Bを何分間使いましたか。

〔　　　　　　〕

(3) 管Aだけを使って水そうの3分の2まで水を入れたところで，管Bも使い始め，最後の2分間は管Cも使ったところ，25分間で満水になりました。はじめから3つの管を使ったとすると，何分間で満水になりますか。

〔　　　　　　〕

月　日 答え ➡ 別冊34ページ

19 ニュートン算

ステップ 1

1 遊園地の入り口に開場する前に1500人が並(なら)んで入場を待っています。開場してから毎分10人の割合(わりあい)で増えます。はじめから入り口を2つ使うと，50分で列がなくなりました。では，はじめから入り口を3つ使うと，列は何分でなくなりますか。〔大妻嵐山中〕

〔　　　　〕

2 現在，窓口(まどぐち)に600人並んでいて，さらに毎分60人のペースで人数が増えるものとします。窓口が2つのとき，行列は10分でなくなりました。窓口を3つにすると，行列は何分でなくなりますか。〔カリタス女子中〕

〔　　　　〕

3 サッカー場のチケット売り場でチケットの販売(はんばい)をしています。販売を始めたとき，すでに200人の行列ができていました。さらに毎分一定の割合で，この行列に人が加わります。売り場が2つのときは1時間で行列がなくなり，売り場が4つのときは15分で行列がなくなります。〔共立女子中〕

(1) 1つの売り場で1分間に売ることのできるチケットの枚数(まいすう)は何枚ですか。ただし，チケットは1人1枚しか買うことができません。

〔　　　　〕

(2) 売り場を8つに増やすと，何分で行列がなくなりますか。

〔　　　　〕

4 ある遊園地の入園口では，入場開始の午前 10 時にはすでに長い行列ができていて，その後も 1 分あたり 48 人の割合で増えます。入場窓口を 6 つにすると 2 時間 30 分で行列がなくなり，入場窓口を 8 つにすると 1 時間 30 分で行列がなくなります。　　　　　　　　　　　　　　　　　　　　〔高槻中〕

(1) 入場窓口 1 つで受け付ける人数は 1 分あたり何人ですか。

〔　　　　　　　　〕

(2) 午前 10 時に何人の行列ができていましたか。

〔　　　　　　　　〕

5 A 中学校では，入学願書の受け付けを午前 9 時に開始します。ところが，開始するまでに，すでに 550 人が受け付けの順番を待っていて，その後も毎分 10 人の割合で人がとう着してきます。窓口を 3 つにして受け付けを開始すると，50 分で受け付けの順番を待つ人がいなくなります。ただし，どの窓口でも，1 人の受け付けに要する時間は同じものとします。　　　　　　　　　　　〔浅野中〕

(1) 1 つの窓口で，1 分間に受け付けのできる人数を求めなさい。

〔　　　　　　　　〕

(2) 窓口を 5 つにして受け付けを開始すると，何分で受け付けの順番を待つ人がいなくなりますか。

〔　　　　　　　　〕

(3) 受け付けを開始してから 10 分以内に順番を待つ人がいなくなるようにするためには，受け付け窓口を最低何か所にすればよいですか。

〔　　　　　　　　〕

確認
しよう
（もとからあった量）＋（一定の割合で増える量）×（かかる時間）
＝（一定の割合で減る量）×（かかる時間）
この関係を利用して，線分図に表して考えます。

ステップ2

時 間 40分
合 格 80点
得 点
点

1 ある牧場では，羊は一定の割合で草を食べています。その草は毎日一定の割合で生えます。この牧場で羊が草を食べつくすのに，10頭では28日，15頭では14日かかります。1頭の羊が1日に食べる草の量を1とします。

(20点 / 1つ10点)〔世田谷学園中〕

(1) 1日に生える草の量を求めなさい。

〔　　　　　　　〕

(2) 9頭では，草を食べつくすのに何日かかりますか。

〔　　　　　　　〕

2 ある量の草が生えている牧場に，牛を15頭放すと8日間でちょうど食べつくし，牛を9頭放すと16日間でちょうど草を食べつくします。牧場の草を食べつくすことなく，この牧場に牛は何頭まで放せますか。ただし，牧場の草は一定の速さで生えてくるものとし，牛1頭が1日に食べる草の量は一定であるとします。(8点)

〔浦和実業学園中〕

〔　　　　　　　〕

3 ある学校で，文化祭を2日間行いました。2日とも，入場開始前の受け付けに，すでに長い列ができていて，入場開始後は5分ごとに100人の入場希望者が列に加わっていきました。1日目は受け付けの数を7か所にしたところ，入場開始から45分後に列に並んでいる人は10人になりました。2日目は入場開始前の列が1日目よりも25人多かったので，受け付けの数を8か所にしたところ，入場開始からちょうど20分後に列に並んでいる人がいなくなりました。どの受け付け場所でも，5分ごとに受け付けのできる人数は同じです。

(20点 / 1つ10点)〔桜蔭中〕

(1) 1か所の受け付け場所で，5分ごとに何人の受け付けができましたか。

〔　　　　　　　〕

(2) 2日目の入場開始前に，列に並んでいた人は何人ですか。

〔　　　　　　　〕

4 あいこさんとのぞむさんは夏休みに，次のようなペースで学校のグラウンドの草ぬきをします。あいこさんは3日間でバケツ7はい分，のぞむさんは2日間でバケツ5はい分の草ぬきができます。一方，グラウンドの草は2日間でバケツ3ばい分の量だけ増えます。もし，あいこさんが1人で草ぬきをすると，24日間でちょうど草がなくなります。(24点/1つ8点) 〔大阪女学院中一改〕

(1) はじめにグラウンドに生えている草は，バケツ何ばい分ですか。

〔　　　　　　　　　〕

(2) のぞむさん1人で草ぬきをすると，ちょうど何日間で草がなくなりますか。

〔　　　　　　　　　〕

(3) あいこさんとのぞむさんの2人で草ぬきをすると，ちょうど何日間で草がなくなりますか。

〔　　　　　　　　　〕

5 あるテーマパークの入場口に，一定の割合で行列に人が加わり続けます。いま，入場口に700人の行列ができています。入場口を3つにすると，行列がなくなるのに35分かかり，入場口を4つにすると，行列がなくなるのに25分かかります。ただし，それぞれの入場口で通過するのにかかる時間は同じとします。 〔山手学院中〕

(1) 1つの入場口で毎分何人の人が通るか求めなさい。(10点)

〔　　　　　　　　　〕

(2) 行列に毎分何人の人が加わるか求めなさい。(8点)

〔　　　　　　　　　〕

(3) はじめは入場口を3つにし，とちゅうから入場口を4つにしたところ，29分で行列がなくなりました。入場口を4つにしていた時間は何分か求めなさい。

(10点)

〔　　　　　　　　　〕

1 Aさん，Bさん，Cさんの3人はそれぞれお金を持っていました。AさんとCさんのはじめの所持金の比は9：7でした。Cさんが900円の買い物をしたところ，BさんとCさんの所持金の比は5：4になりました。さらに，Aさんの所持金からBさんとCさんに同じ額のお金をわたしたところ，AさんとBさんとCさんの所持金の比は5：7：6になりました。Aさんのはじめの所持金はいくらですか。(10点)　　　　　　　　　　〔慶應義塾普通部〕

〔　　　　　　　　〕

2 赤玉と白玉が7：13の割合でふくろの中に入っています。このふくろの中に赤玉3個，白玉2個を加えたところ，赤玉と白玉は9：16の割合になりました。最初のふくろの中に入っていた赤玉は何個ですか。(10点)　　　　〔筑波大附中〕

〔　　　　　　　　〕

3 千羽づるをA，B，Cの3人で折りました。3人がつるを折る速さはいつも変わらず，10分間にAさんは5羽，Bさんは8羽，Cさんは11羽です。最初は，3人で4時間20分折りました。その後は，A，B，C，A，…の順に交代で1人50分ずつ休み，残りの2人で折り続けました。(20点/1つ10点)　　〔雙葉中〕

(1) 4時間20分で何羽折りましたか。

〔　　　　　　　　〕

(2) 最後につるを折り終わったのはだれですか。また，それは折り始めてから何時間何分後ですか。

〔　　　　　　　　〕

4 ある量の水が入った水そうがあります。この水そうに水道から一定の割合で水を入れると同時にポンプを使って水をくみ出します。水そうを空にするには，6台のポンプで65分かかり，8台のポンプで45分かかります。使用するすべてのポンプは同じ割合で水をくみ出します。(30点/1つ10点)　〔明治大付属明治中〕

(1) 1分間に，水道から入る水の量と1台のポンプがくみ出す水の量の比を，最も簡単な整数の比で表しなさい。

〔　　　　　　　〕

(2) 9台のポンプで水そうを空にするには何分かかりますか。

〔　　　　　　　〕

(3) 25分以内に水そうを空にするには，最も少ない場合で何台のポンプが必要ですか。

〔　　　　　　　〕

5 1500tの水がたまっている貯水池があります。この貯水池にはふだんから毎日一定の量の水が流入していることがわかっているので，毎日一定の量の水を放水して30日間で貯水池を空にする計画を立てました。ところが大雨が降り，放水を始めてから最初の5日間は水の流入量がふだんの1.4倍になりました。そのため，天候が良くなり流入量がふだんどおりにもどった6日目に計画を変こうし，6日目から放水量を前日までの1.2倍にしたところ，全部で25日間かかって貯水池を空にすることができました。(30点/1つ10点)　〔慶應義塾湘南藤沢中〕

(1) ふだんの1日あたりの水の流入量は何tですか。

〔　　　　　　　〕

(2) 6日目以降の1日あたりの放水量は何tですか。

〔　　　　　　　〕

(3) 当初の予定どおり30日間で貯水池を空にするには，6日目以降の放水量を1日あたり何tにすればよかったですか。

〔　　　　　　　〕

20 規則性などの問題

ステップ1

1 ピアノで, 下のようにくり返し弾きます。ド, レ, ミ, ファ, ソ, ラ, シ, ド, シ, ラ, ソ, ファ, ミ, レ, ド, レ, ミ, …80番目に弾く音は何ですか。考え方や式も書きなさい。

〔武庫川女子大附中－改〕

[　　　　　　　　　　　　　　　　　　　　　　　　　　　　　]

2 ①と②は, 分数をある規則にしたがってそれぞれ順番に並べたものです。①, ②ともに, 1番目の分数から5番目の分数まで書いてあります。

〔東京学芸大附属世田谷中〕

① $\dfrac{1}{1}, \dfrac{1}{4}, \dfrac{1}{9}, \dfrac{1}{16}, \dfrac{1}{25},$ …

② $\dfrac{1}{2}, \dfrac{1}{6}, \dfrac{1}{12}, \dfrac{1}{20}, \dfrac{1}{30},$ …

(1) ①と②のそれぞれについて, 25番目の分数を求めなさい。

①[　　　　　　　] ②[　　　　　　　]

(2) ②の分数である $\dfrac{1}{6}$ と $\dfrac{1}{12}$ は, 次のように分子が1の2つの分数の差で表すことができます。

$$\dfrac{1}{6} = \dfrac{1}{\boxed{ア}} - \dfrac{1}{\boxed{イ}} \quad \dfrac{1}{12} = \dfrac{1}{\boxed{ウ}} - \dfrac{1}{\boxed{エ}}$$

このとき, アからエの4つの分母にあてはまる数を1組答えなさい。

ア[　　　] イ[　　　] ウ[　　　] エ[　　　]

(3) ②のように並べたとき, 1番目の分数から10番目の分数までの和を求めなさい。

[　　　　　　　]

3 A，B，C，D，Eの5人は，5年生か6年生のどちらかです。次の発言から，Cさん，Eさんの学年と性別（男子か女子か）を答えなさい。　〔東洋英和女学院中〕

A：「各学年に，男子も女子もいます。」

B：「私_{わたし}は5年生で，Cさんとは学年も性別も異_{こと}なります。」

C：「5年生は3人いて，女子は1人です。」

D：「Aさんは女子で，私と同じ学年です。」

Cさん〔　　　　　　　　　〕　Eさん〔　　　　　　　　　〕

4 ある清涼_{せいりょう}飲料水の広告に「3本の空きビンでもう1本もらえます」というものがあります。例えば，5本買ったとすると，3本の空きビンで1本もらえ，その空きビンと残っていた空きビンとでさらにもう1本もらえます。つまり，5本買うと合計で7本飲めることになります。最初に20本買うと合計で何本飲めるか答えなさい。　〔立命館中〕

〔　　　　　　　　　〕

5 2018年10月7日は日曜日でした。2019年はうるう年ではありませんでした。

(1) 2018年11月24日は何曜日か答えなさい。

〔　　　　　　　　　〕

(2) 2019年11月24日は何曜日か答えなさい。

〔　　　　　　　　　〕

 確認_{しよう}
規則性の問題→①数や文字の並びから，くり返し（周期）を見つける。

②数がいくつずつ増えて（減って）いるかを見つける。

③4＝2×2，9＝3×3のように，同じ数を2回かけ合わせた数を見つける。

推理の問題　→条件を図や表を使って整理し，決定できるものから順に決めていく。

答え ➡ 別冊39ページ

STEP 2 ステップ2

時間 40分 ／ 合格 80点 ／ 得点 点

1 先頭に①があり，数字の書きこまれた○と■を次の図のように並べていきます。例えば，⑤は先頭から数えて 11 番目となります。(30点／1つ10点) 〔共立女子第二中〕

①■■②③④■■■■■⑤⑥⑦⑧⑨■■■■■■■■■■■⑩⑪⑫⑬⑭⑮⑯■■■・・・・

(1) ㉚は先頭から数えて何番目に出てきますか。

〔　　　　　　　〕

(2) ㊿が出てくるまで，■の総数は何個ありますか。

〔　　　　　　　〕

(3) ⑩⑩は先頭から数えて何番目に出てきますか。

〔　　　　　　　〕

2 右のように，偶数が上から順に並んでいます。(30点／1つ10点) 〔江戸川学園取手中〕

1段目	2
2段目	4 6 8
3段目	10 12 14 16 18
4段目	20 22 24 26 28 30 32

(1) 60は何段目の左から何番目にありますか。

〔　　　　　　　〕

(2) 8段目のいちばん左にある数は何ですか。

〔　　　　　　　〕

(3) 10段目にある数の総和を求めなさい。

〔　　　　　　　〕

3 右の計算の式において，5つの文字A，B，C，D，Eは，それぞれ異なる数字0，2，4，6，8のどれかを表しています。CとEの数字をそれぞれ求めなさい。(8点)〔青稜中〕

```
    A B C
    A C C
  + D C B
  ─────────
  E E A A
```

C〔　　　　〕 E〔　　　　〕

4 Aさん，Bさん，Cさんの3人でゲームをしました。結果について，3人が次のように言いました。

　　Aさん「1位でした。」
　　Bさん「2位ではありません。」
　　Cさん「1位でも，3位でもありません。」

3人のうち，だれか1人だけがうそをついています。3人の正しい順位を答えなさい。(8点)

Aさん〔　　　　〕 Bさん〔　　　　〕 Cさん〔　　　　〕

5 2010年8月14日は土曜日でした。2011年はうるう年ではありませんでした。

(14点/1つ7点)〔立命館中〕

(1) 2011年8月14日は何曜日か答えなさい。

〔　　　　　　　〕

(2) 2014年12月20日は何曜日か答えなさい。

〔　　　　　　　〕

6 7月1日(金)から計算ドリルを1日2ページずつ解いて，8月中に終わらせる計画を立てました。ところが，7月24日から8月4日までは，旅行に出かけたのでドリルを解くことができませんでした。そこで，その後は日曜日に1日5ページを解き，それ以外の日はいままでどおりに解いたところ，9月1日にちょうど終わりました。はじめの計画では，8月何日に終わる予定でしたか。

(10点)〔雙葉中〕

〔　　　　　　　〕

21 割合や比についての文章題

ステップ **1**

1 1800円を兄と弟が11：4に分けた後，兄が弟に何円あげると，兄のお金と弟のお金は3：2になりますか。　〔公文国際学園中〕

〔　　　　　　　　　〕

2 あるクラスでは，男子の60％と女子の75％が習い事をしていて，その合計人数は30人です。女子のほうが男子より6人多く習い事をしているとき，このクラスの生徒は全部で何人ですか。　〔中央大附中〕

〔　　　　　　　　　〕

3 ある学校の男子と女子の人数の比は5：4で，男子の30％，女子の15％が眼鏡をかけています。眼鏡をかけている生徒は全部で126人います。この学校の女子の人数を求めなさい。

〔　　　　　　　　　〕

4 太郎君と花子さんがA店とB店の2つの店で買い物をしました。太郎君がA店とB店で使った金額の比は5：11で，使った金額の差は12000円でした。花子さんがB店で使った金額は，花子さんがA店で使った金額より8000円多かったです。また，太郎君が2つの店で使った合計金額と花子さんが2つの店で使った合計金額の比は5：4でした。　〔智辯学園中〕

(1) 太郎君はB店で何円使いましたか。

〔　　　　　　　　　〕

(2) 花子さんがA店とB店で使った金額の比を，最も簡単な整数の比で表しなさい。

〔　　　　　　　　　〕

5 はじめに兄が［　　　］円の $\frac{1}{4}$ を受け取り，その残りの金額を兄と弟で 3：2 の割合(わりあい)に分けて受け取り，さらに兄が弟に 100 円わたしたところ，弟が受け取った金額の合計は 700 円になりました。［　　　］にあてはまる数を求めなさい。

〔慶應義塾中〕

［　　　　　　　　　　　　　　　　　〕

6 図書委員長の春男さんは，図書委員会のメンバーで分担(ぶんたん)して，別々の部屋にある印刷機 A，印刷機 B，印刷機 C の 3 つの印刷機を使い，読書ポスターを印刷しようとしています。先生から「印刷機 A は印刷機 B の 2.5 倍の速さで印刷ができ，印刷機 B は印刷機 C の 0.8 倍の速さで印刷ができます。」と聞きました。それぞれの印刷機については，印刷のとちゅうで紙やインクを補(おぎな)う必要はなく，常に一定の速さで印刷ができるものとします。

〔お茶の水女子大附中－改〕

(1) 印刷機 C は印刷機 A の何倍の速さで印刷ができますか。

［　　　　　　　　　　　　　　　　　〕

(2) 春男さんは先生から「全部で 1500 枚(まい)印刷してください。少し多めでもかまいません。」と言われました。印刷機 A，B，C で同時に印刷し始めるとすると，どの印刷機で約何枚ずつ印刷すれば，できるだけ速く印刷し終えることができるでしょうか。それぞれの印刷機で印刷する枚数を十の位までのがい数で答えなさい。なお，先生の言うとおり，1500 枚より少し多めでもかまいません。ことばや式を使って，どのように考えたかわかるように書きなさい。

7 ある展覧会の入場者は，のべ 2838 人でした。このうち，2 回入場した人は 1 回だけ入場した人の $\frac{1}{2}$，3 回入場した人は 2 回入場した人の $\frac{1}{2}$ でした。4 回以上入場した人はいませんでした。この展覧会に 1 回だけ入場した人は何人ですか。

〔普連土学園中〕

［　　　　　　　　　　　　　　　　　〕

確認(かくにん)しよう　分配算・消去算・相当算など割合に関する問題は中学入試にもよく出題されます。分配算や相当算の問題は，数量関係を線分図に表し，「もとにする量×割合＝比べる量」や「比べる量÷割合＝もとにする量」の式を利用して求めます。消去算では，問題の条件を式に表して整理すると，数量関係がとらえやすくなります。

STEP 2

ステップ2

⏰時 間 40分
👍合 格 80点

✎得 点

点

1 3種類のおもり④, ⑧, ⓒがあります。上皿てんびんを使って, ④, ⑧, ⓒの重さの関係について調べたところ, 次のことがわかりました。

・片方の皿に④3個, ⑧1個, ⓒ2個をのせてつり合わせるためには, もう片方の皿に⑧5個, ⓒ1個をのせればよい。

・片方の皿に④5個, ⑧1個, ⓒ1個をのせてつり合わせるためには, もう片方の皿に⑧4個, ⓒ1個をのせればよい。

〔中央大附属横浜中〕

(1) 片方の皿に④3個, ⓒ1個をのせてつり合わせるためには, もう片方の皿に⑧を何個のせればよいですか。(7点)

〔　　　　　　〕

(2) ④1個と⑧1個の重さの比を最も簡単な整数の比で答えなさい。(7点)

〔　　　　　　〕

(3) ④, ⑧, ⓒ1個ずつの重さの合計が22.8gであるとき, ⓒ1個の重さは何gですか。(10点)

〔　　　　　　〕

2 A, B, Cの兄弟3人で, あるゲーム機を買うことにしました。Aはゲーム機の $\frac{1}{2}$ より500円少ない金額を, Bは残りの $\frac{3}{4}$ より300円多い金額をはらいました。Cは2人がはらった残りの $\frac{4}{5}$ しかはらえなかったので, 最後に残った300円をAがはらいました。ゲーム機の値段は□□□円で, Aは合計□□□円, Bは□□□円, Cは□□□円はらいました。□□□にあてはまる数を求めなさい。

(28点 / 1つ7点)〔女子学院中〕

ゲーム機の値段〔　　　　　　〕

A〔　　　　　〕　B〔　　　　　　〕　C〔　　　　　　〕

3 A 中学校と B 中学校の入学試験において，受験者数の比は 4：5，合格者数はそれぞれ 100 人と 150 人で，不合格者数の比は 5：6 でした。A 中学校と B 中学校の受験者数はそれぞれ何人でしたか。(15 点)　　　　　　〔市川中〕

A 中学校 〔　　　　　　　　　〕　B 中学校 〔　　　　　　　　　〕

4 A さん，B さん，C さんの最初の所持金の比は 8：6：5 でした。A さんは 25％を寄付し，B さんは 700 円のリボン，C さんは 1000 円の本を買いました。さらに 3 人がそれぞれ 800 円を出しあい花束を買いました。すると，B さん，C さんの現在の所持金の比は 9：2 となりました。〔神戸海星女子中〕

(1) 現在の A さん，B さんの所持金の差はいくらですか。(8 点)

〔　　　　　　　　〕

(2) 最初の A さんの所持金はいくらですか。(10 点)

〔　　　　　　　　〕

5 三姉妹が買い物に行きました。長女は三女より 400 円多く，次女は三女より 500 円多くお金を持って出かけました。長女，次女，三女がそれぞれ買いたかった品物の値段の比は 6：5：4 でしたが，長女も三女もお金が足りませんでした。そこで次女が，持っていたお金の一部を長女と三女にわたすと，3 人とも買いたかった品物を買うことができ，3 人とも残金はありませんでした。次女が長女と三女にわたした金額の比が 2：3 のとき，長女が買った品物の値段はいくらですか。(15 点)　　　　　　〔吉祥女子中－改〕

〔　　　　　　　　〕

22 速さについての文章題 ①

ステップ1

1 1周 4km の公園があります。A さんは自転車で分速 240m の速さで，B さんは走って分速 160m の速さで，公園のまわりを進むことにしました。

(1) A さんと B さんが同じ地点からそれぞれ反対回りに出発すると，出会うのは何分後ですか。

〔　　　　　　　〕

(2) B さんが出発してから 10 分後に，A さんが同じ地点から B さんを追いかけました。最初に A さんが B さんに追いつくのは何分後ですか。

〔　　　　　　　〕

2 A さんと B さんは 1周 910m のグラウンドのまわりを回ります。2 人が同じ場所から同時に反対の方向に回り始めると，7 分後にはじめて出会いました。また，同じ方向に回り始めると，35 分後に A さんは B さんより 1 周多く回って，B さんに追いつきました。A さん，B さんの速さは分速何 m ですか。

〔湘南白百合学園中〕

A さん〔　　　　　　　〕　　B さん〔　　　　　　　〕

3 あき子さんと兄が家から同じ道をポストに向かってそれぞれ一定の速さで歩いています。8 時にあき子さんはポストまで 357m の地点にいて，兄の 63m 前方にいました。兄は 8 時 3 分にあき子さんを追いこし，8 時 5 分にポストに着いて，すぐに同じ道を引き返しました。兄があき子さんと出会うのはポストから何 m の地点ですか。

〔青山学院中〕

〔　　　　　　　〕

4 長さ 200m の列車が 1200m のトンネルに入り始めてから出終わるまでに 1 分 10 秒かかりました。この列車の速さは秒速何 m ですか。

〔 　　　　　　　 〕

5 長さ 180m の列車が長さ 320m の鉄橋をわたり始めてからわたり終わるまでに 40 秒かかります。この列車が同じ速さで 720m のトンネルに入り始めてから出終わるまでに何分何秒かかりますか。　　　　　　　　　　　　〔品川女子学院中〕

〔 　　　　　　　 〕

6 長さ 200m で秒速 20m の速さで進む列車 A が，長さ 180m で秒速 15m の速さで進む列車 B に追いついてから追いぬくまでに何分何秒かかりますか。

〔 　　　　　　　 〕

≡▶7 毎秒 20m で走る長さ 100m のふつう列車 A と，毎秒 26m で走る長さ 220m の急行列車 B が同じ向きに走っています。A と B があるトンネルに同時に入り始め，同時に列車全体がトンネルから出たとすると，このトンネルの長さは何 m ですか。どのように考えたかがわかるように，考え方や式も書きなさい。

〔洗足学園中－改〕

[

　

]

8 時速 75km の列車 A と時速 60km の列車 B があり，2 つの長さは同じです。A と B がすれちがい始めてから終わるまで 4 秒かかるとき，A が B を追いぬき始めてから追いぬき終わるまで何秒かかりますか。　　　　　　〔大妻嵐山中〕

〔 　　　　　　　 〕

確認
しよう

旅人算の解き方：2 人が反対方向に進むとき，2 人の速さの和を使う。
　　　　　　　　2 人が同じ方向に進むとき，2 人の速さの差を使う。

通過算の解き方：(通過する時間)=(電車の長さ＋トンネルの長さ)÷(電車の速さ)の
　　　　　　　　公式を使う。

ステップ2

⏰ 時間 40分　✐ 得 点

👍 合 格 80点　　　点

1 AさんとBさんが，ある円形の池のまわりを1周するのに，Aさんは $1\frac{2}{3}$ 分，Bさんは2分かかります。2人が同じ場所から同時に出発し，それぞれ反対の方向に歩きます。(20点 / 1つ10点)　　　　〔富士見丘中〕

(1) 2人が再び出発点で出会うまでに何分かかりますか。

〔　　　　　　　　　〕

(2) 出発点で出会うまでの間に，他の場所で何回出会いますか。

〔　　　　　　　　　〕

2 A地点から25mはなれたところにB地点があります。A地点とB地点との間を，海子さんはA地点から，星子さんはB地点から同時に出発し，2人のきょりが再び25mになるまで一定の速さで往復をくり返します。2人が出会ったり，追いついたりしたときに，2人のきょりが0mであるとします。海子さんと星子さんの移動する速さの比は3：5とします。

(30点 / 1つ10点)〔神戸海星女子中－改〕

(1) 次のグラフは，海子さんが一往復したときの時間とA地点からのきょりの関係をグラフに表したものです。2人が移動をくり返したときの時間とA地点からのきょりの関係をかき加えなさい。

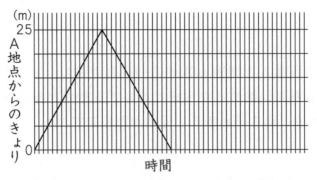

(2) 2人のきょりがはじめて0mとなるのは，A地点から何mの地点ですか。

〔　　　　　　　　　〕

(3) 2人のきょりが2回目に0mとなるのは，A地点から何mの地点ですか。

〔　　　　　　　　　〕

3 列車 A と列車 B が逆向きに走っています。列車 B の長さは列車 A の長さの $\frac{7}{10}$ 倍で，列車 A の速さは時速 90km です。列車 A と列車 B のそれぞれの先頭が同時にトンネルに入りました。すると，列車 A と列車 B の最後尾が，トンネルのちょうど真ん中ですれちがいました。右のグラフは，列車 A の先頭がトンネルに入ってからの時間と列車 A がトンネルに入っている部分の長さとの関係をグラフにしたものです。(30点 / 1つ15点)

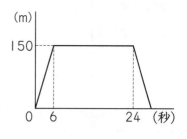

〔光塩女子学院中一改〕

(1) トンネルの長さは何 m ですか。

〔　　　　　　　〕

(2) 列車 A の最後尾がトンネルを出てから何秒後に列車 B の最後尾がトンネルから出ますか。

〔　　　　　　　〕

4 線路に沿って道があり，その道を人が時速 4km で歩いています。また，自動車がその道を人と同じ方向に一定の速さで走っています。人と自動車の両方の後ろから，電車が時速 94km の速さで人を 5 秒間，自動車を 9 秒間かけて追いぬいて行きました。(20点 / 1つ10点)

〔大宮開成中〕

(1) 電車の長さは何 m ですか。

〔　　　　　　　〕

(2) 自動車の長さを 5m とすると，自動車の速さは時速何 km ですか。

〔　　　　　　　〕

101

23 速さについての文章題 ②

1 船が川を上るときの速さは分速420m，川を下るときの速さは分速440mでした。

(1) 船の静水時の速さを求めなさい。

〔　　　　　　　〕

(2) 川の流れの速さを求めなさい。

〔　　　　　　　〕

2 一定の速度で流れる川に，上流のA地点と12kmはなれたB地点があります。A地点から箱を流したところ，B地点に到着するまで3時間かかりました。

〔東京成徳大中－改〕

(1) 川の流れる速さを求めなさい。

〔　　　　　　　〕

(2) B地点からA地点まで船①が一定の速度で川をさかのぼったところ，4時間かかりました。船①が流れのない水の上を移動するときの速さを求めなさい。

〔　　　　　　　〕

(3) A地点からB地点まで船②が一定の速度で川を下ったところ，1時間かかりました。船②が流れのない水の上を移動するときの速さを求めなさい。

〔　　　　　　　〕

3 ▢mはなれたA地点とB地点を結ぶ川を，静水時の速さが時速10kmの船が往復したところ，上りに6時間，下りに4時間かかりました。▢にあてはまる数を求めなさい。

〔甲南中〕

〔　　　　　　　〕

4 上流から下流まで 10km の長さで，時速 3km で流れる川があります。上流から下流へ船 A が川を下り，下流から上流へ船 B が川を上ります。静水時，2 せきの船の速さは同じです。2 せきの船が同時に出発しました。数分後，2 せきの船は下流から 3.5km の地点ですれちがいました。〔白百合学園中〕

(1) この 2 せきの船の静水時の速さを求めなさい。

〔　　　　　　　　　〕

(2) 船 A は下流に着いたらすぐに上流へ，船 B は上流に着いたらすぐに下流へともどりました。再び 2 せきがすれちがうのは下流から何 km の地点ですか。

〔　　　　　　　　　〕

5 8 時から 8 時 48 分の間に，時計の長針と短針はそれぞれ何度回転しますか。

長針 〔　　　　　　〕　短針 〔　　　　　　〕

6 右の図は，10 時 30 分の時計の針のようすを示しています。長針と短針のつくる角を，右の図の角アのように 0 度以上 180 度以下で考えます。〔学習院女子中〕

(1) 角アの大きさを求めなさい。

〔　　　　　　　　　〕

(2) 10 時から 11 時までの 1 時間に，長針と短針のつくる角がちょうど 90 度になるのは 10 時何分ですか。すべての場合について求めなさい。

〔　　　　　　　　　〕

確認しよう

（船の上りの速さ）＝（船の静水時の速さ）－（水の流れの速さ）
（船の下りの速さ）＝（船の静水時の速さ）＋（水の流れの速さ）
（船の静水時の速さ）＝{（船の上りの速さ）＋（船の下りの速さ）}÷2

答え ➡ 別冊46ページ

月　日

STEP 2

ステップ2

⏰時 間 40分
👍合 格 80点
✏得 点
　　　点

1 右の図のように川の上流にA町，中流にB町，下流にC町があります。A町からB町までの川の流れの速さは，B町からC町までの川の流れの速さの2倍です。静水上を一定の速さで進む船が，この川のA町とC町の間を往復しています。船がB町からC町へ進む速さと，C町からB町へ進む速さの比は3：2です。(30点/1つ10点)　〔吉祥女子中〕

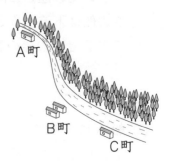

A町
B町
C町

(1) 船が静水上を進む速さと，B町からC町までの川の流れの速さの比を，最も簡単な整数の比で表しなさい。

〔　　　　　　　〕

(2) 船がA町からB町へ進む速さと，B町からA町へ進む速さの比を，最も簡単な整数の比で表しなさい。

〔　　　　　　　〕

(3) A町とB町の間のきょりと，B町とC町の間のきょりは同じです。船がA町とB町の間を往復するのにかかる時間と，B町とC町の間を往復するのにかかる時間の比を，最も簡単な整数の比で表しなさい。

〔　　　　　　　〕

2 A，Bの2人は1周360mの流れるプールで泳ぎました。プールの流れの速さが毎分24mのとき，Aは流れに逆らって100mを$1\frac{7}{18}$分で泳ぎました。(20点/1つ10点)〔法政大中〕

(1) Aは静水時，200mを何分何秒で泳ぎますか。

〔　　　　　　　〕

(2) このプールの流れの速さが変わったとき，2人は同じ地点から同時に，Aは流れと同じ方向に，Bは流れと反対の方向に泳ぎました。Bの静水時の泳ぐ速さは毎分84mです。2人が出会ったとき，AはBよりも132m多く泳ぎました。このときプールの流れの速さは毎分何mですか。

〔　　　　　　　〕

3 グラフは，分速 10m で流れている川を，兄は下流 A地点から上流B地点へ，弟はB地点からA地点へ船で一定の速さで行くようすを表しています。流れがないときの2人の船の速さは同じです。

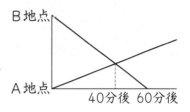

(30点 / 1つ10点)〔共立女子第二中〕

(1) 流れがないときの船の速さは分速何mですか。

(2) 2人の船が出会ったのはA地点から何mの地点ですか。

(3) A地点からB地点までは何mですか。

4 さやかさんが本を読み始めたとき，時計を見ると(図1)のようになっていました。しばらくして，本を読み終わったときに再び時計を見ると(図2)のようになっていて，本を読み始めた時刻と長針と短針の位置がちょうど入れかわっていました。(20点 / 1つ10点)

（図1） （図2）

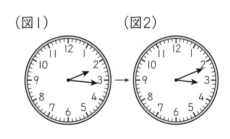

(1) 本を読んでいた時間は何分間ですか。

[   ]

(2) 本を読み始めた時刻を求めなさい。

[   ]

1 右の図のような方眼に1を記入します。その1のマスを中心とし，その上のマスに2,左回りに3,4,5,…と次々に数を記入していきます。例えば，1のマスから右に1，上に2のマスに入る数は10です。〔昭和学院秀英中〕

…	…	…	…	…	…
…	13	12	11	10	…
…	14	3	2	9	…
…	15	4	1	8	…
…	16	5	6	7	…
…	…	…	…	…	…

(1) 次の□の中に適当な数を入れなさい。(8点/1つ2点)

1のマスから右に2，上に2のマスに入る数は ア です。

1のマスから右に3，上に3のマスに入る数は イ です。

1のマスから右に4，上に4のマスに入る数は ウ です。

1のマスから右に5，上に5のマスに入る数は エ です。

ア〔　　　〕イ〔　　　〕ウ〔　　　〕エ〔　　　〕

(2) 1のマスから右に10，下に10のマスに入る数はいくつか答えなさい。(8点)

〔　　　　　〕

(3) 207が入るマスは1のマスから右にいくつ，下にいくつ進むとありますか。

(10点)

〔　　　　　〕

2 ある商品を900個仕入れ，1個あたりの定価を2000円としました。1日目は定価で何個かを売りました。2日目は定価の2割引で売ると，2日間で商品はすべて売れました。1日目と2日目の売り上げ金額は同じで，利益の比は4：1でした。商品1個の仕入れ値を求めなさい。(10点)　〔関西学院中〕

〔　　　　　〕

3 右の図のように，時計の文字ばんの一部に色をつけました。(20点/1つ10点)　〔カリタス女子中〕

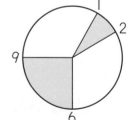

(1) 1日の中で，長針と短針の両方が色のついた部分に入っている時間は，何時間何分ですか。

〔　　　　　〕

(2) 1日の中で，長針と短針の両方またはどちらか一方が色のついた部分に入っている時間は，何時間何分ですか。

〔　　　　　〕

4 池のまわりに1周が何mかわからない道があります。この道を，AさんとCさんの2人はたがいに反対の方向に一定の速さで走り，Bさんは自転車に乗ってAさんと同じ方向に一定の速さで進みます。3人とも同時にスタートし，Aさんは秒速4m，Cさんは秒速5mの速さで走ります。Bさんはスタートしてから2分後にAさんに1周差をつけ，BさんとCさんは30秒後にはじめて出会います。ただし，3人の出発地点は同じとします。(24点/1つ8点)〔芝浦工業大柏中〕

(1) Bさんが進む速さは秒速何mですか。

〔　　　　　　　　〕

(2) 道は1周何mですか。

〔　　　　　　　　〕

(3) スタートしてから3人がはじめて同時に出会う前までに，CさんはAさんとBさんの2人と合計何回出会いますか。ただし，スタートのときは回数にいれません。

〔　　　　　　　　〕

5 ある川のA地点から30kmはなれた下流にB地点があり，それぞれの地点から2つの船が同時に向かい合って進みます。(20点/1つ10点)　〔大阪教育大附属池田中〕

(1) ある日，2つの船がA地点から18kmの地点で出会いました。この日の川の流れの速さは，時速何kmですか。ただし，流れのないところでの2つの船の速さは一定で，時速10kmとします。

〔　　　　　　　　〕

(2) 別の日には雨が降ったため，川の流れの速さが(1)の日の1.5倍になりました。2つの船がA地点から18kmの地点で出会うようにするために，川を下る船の速さを変えて進むことにしました。川を下る船の速さを，流れのないところで時速何kmで進む速さにすればよいですか。ただし，川を上る船の速さは，流れのないところで，時速10kmのままとします。

〔　　　　　　　　〕

総復習テスト①

⏱時間 40分　✏得点
👍合格 80点　　　点

1 次の問いに答えなさい。　〔帝京大中〕

(1) $\boxed{1}$, $\boxed{1}$, $\boxed{2}$, $\boxed{2}$ の 4 枚のカードを 1 列に並べて 4 けたの整数をつくります。全部で何個の整数をつくることができますか。(7点)

〔　　　　　　　　　〕

(2) $\boxed{1}$, $\boxed{1}$, $\boxed{2}$, $\boxed{3}$ の 4 枚のカードを 1 列に並べて 4 けたの整数をつくります。全部で何個の整数をつくることができますか。(7点)

〔　　　　　　　　　〕

(3) $\boxed{1}$, $\boxed{1}$, $\boxed{1}$, $\boxed{2}$, $\boxed{2}$, $\boxed{3}$ の 6 枚のカードから 4 枚を選んで 1 列に並べて 4 けたの整数をつくります。全部で何個の整数をつくることができますか。(8点)

〔　　　　　　　　　〕

2 A さんと B さんは，橋の長さを，自分の歩はばを使ってはかることにしました。2 人とも自分の歩はばが 60cm だと思って計算したところ，A さんが計算した結果は 180m，B さんが計算した結果は 240m となりました。結果がちがうので，2 人の実際の歩はばをはかってみると，18cm の差がありました。(18点 /1つ9点)

〔聖心学園中−改〕

(1) A さんと B さんの実際の歩はばの比を，最も簡単な整数の比で表しなさい。

〔　　　　　　　　　〕

(2) この橋の長さは何 m ですか。

〔　　　　　　　　　〕

3 右の図のように，半径 2cm の円が，正五角形のまわりをはなれないように 1 周します。ただし，円周率は 3.14 とします。(18点 /1つ9点)　〔共立女子中〕

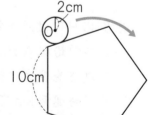

2cm

10cm

(1) 円の中心 O が動いた長さは何 cm ですか。

〔　　　　　　　　　〕

(2) 円が動いた部分の面積は何 cm² ですか。

〔　　　　　　　　　〕

4 18km はなれている A 駅と B 駅の間をバスが一定の速さで往復しています。バスは A 駅や B 駅に着くと必ず 8 分間停車します。花子さんはバスが A 駅を出発するのと同時に，自転車で毎分 150m の速さで B 駅から A 駅に向かいました。上のグラフはそのようすを表したものです。

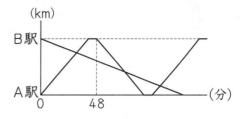

(24点 / 1つ8点) 〔星野学園中〕

(1) バスの速さは毎分何 m ですか。

〔　　　　　　　　〕

(2) 花子さんが，はじめてバスとすれちがうのは出発してから何分後ですか。

〔　　　　　　　　〕

(3) バスが花子さんに追いついた地点は，A 駅から何 km はなれていますか。

〔　　　　　　　　〕

5 (図1)のように，1辺の長さが 30cm の立方体の形をした水そうがあります。この水そうは側面に平行な長方形の仕切りで A，B の 2

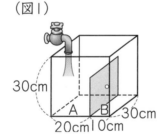

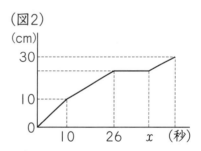

つの部分に分けられていて，A の部分には，水を入れる管がついています。また，仕切りには穴があいていて，A の部分の穴よりも上部に水が入っているとき，A から B に毎秒 75cm³ の割合で水が流れます。いま，この水そうに一定の割合で水を入れました。(図2)のグラフは，水を入れ始めてからいっぱいになるまでの時間と，A の部分の水の深さの関係を表したものです。ただし，穴の大きさは考えないものとします。(18点 / 1つ9点)　　　　　　　〔専修大松戸中〕

(1) 水を入れ始めてから 26 秒後に，B の部分に入っている水の深さは何 cm ですか。

〔　　　　　　　　〕

(2) (図2)の x にあてはまる数を求めなさい。

〔　　　　　　　　〕

総復習テスト②

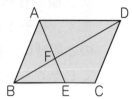

⏱時 間 60分　📝得 点
👍合 格 75点　　　　点

1 右の図のように，平行四辺形 ABCD の辺 BC 上に BE：EC
＝2：1 となる点 E をとり，AE と BD の交点を F とします。
四角形 FECD の面積と平行四辺形 ABCD の面積の比を，
最も簡単な整数の比で表しなさい。(6点)　〔慶應義塾中〕

[　　　　　　　　　]

2 直方体の一部分を切り取ってできた，右の
図のような三角柱があります。　〔同志社女子中〕

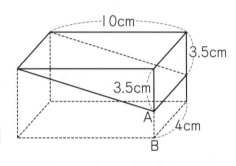

(1) この三角柱の体積は何 cm³ ですか。(5点)

[　　　　　　　　　]

(2) この三角柱ともとの直方体の体積の比は 5：16 でした。AB の長さは何 cm
ですか。(6点)

[　　　　　　　　　]

3 容積 60L の水そうに，3 つのじゃ口 A，B，C を使って水を入れます。A だけ
で入れると 12 分でいっぱいになり，A と B の 2 つで同時に入れると 6 分 40 秒，
A と C の 2 つで同時に入れると 7 分 30 秒でいっぱいになります。

(12点/1つ6点)〔穎明館中—改〕

(1) 3 つのじゃ口 A，B，C から出る水の量はそれぞれ毎分何 L ですか。

A [　　　　　] B [　　　　　　] C [　　　　　]

(2) はじめ A だけで水を入れて，残りを B だけで入れると，合計 13 分 40 秒でいっ
ぱいになりました。A と B でそれぞれ何分何秒水を入れましたか。

A [　　　　　　　] B [　　　　　　　]

4 プールに常に一定の割合（わりあい）で水道管から水を入れており，満水になった水は一定の割合であふれ出ています。この状態でプールの水をすべてくみ上げるには，ポンプ3台を使うと24時間かかり，ポンプ8台を使うと4時間かかります。ただし，どのポンプも一定時間に水をくみ上げる量は同じものとします。この状態で，満水のプールの水をポンプ6台を使ってくみ上げると何時間かかりますか。(7点)

〔奈良学園登美ヶ丘中一改〕

〔   〕

5 重さが異（こと）なる4つのおもりA，B，C，Dがあります。この4つのおもりからいくつか選んでてんびんにのせたところ，次の図のような関係になりました。4つのおもりA, B, C, Dを，左から軽い順に「〜→〜→〜→〜」の形で答えなさい。

(6点)〔筑波大附中〕

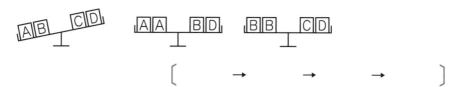

〔   →   →   →   〕

6 AさんとBさんが持っている金額の比は5：4です。2人で買い物に行き，3：1の比でお金を使ったところ，どちらも2100円残りました。AさんとBさんがはじめに持っていた金額をそれぞれ求めなさい。(7点)

Aさん〔   〕   Bさん〔   〕

7 一定の速さで走っている電車が，秒速10mで走っている車を追いこすのに8秒かかりました。その後，長さ1500mのトンネルを通過するのに64.8秒かかりました。ただし，車の長さは考えないものとします。(14点/1つ7点)〔大宮開成中〕

(1) この電車の長さは何mですか。

〔   〕

(2) 駅が近づいてきたのでブレーキをかけ，一定の割合で速度を落として18秒後に停止しました。ブレーキをかけ始めてから，この電車は何m走りましたか。

〔   〕

8 図のように，形は同じですが大きさが異なる三角形をある規則にしたがって並べていきます。 〔立命館中〕

(1) 4段目の三角形は全部で何個あるか答えなさい。(5点)

〔　　　　　　　〕

(2) 1段目から5段目までの三角形の面積の合計を答えなさい。(6点)

〔　　　　　　　〕

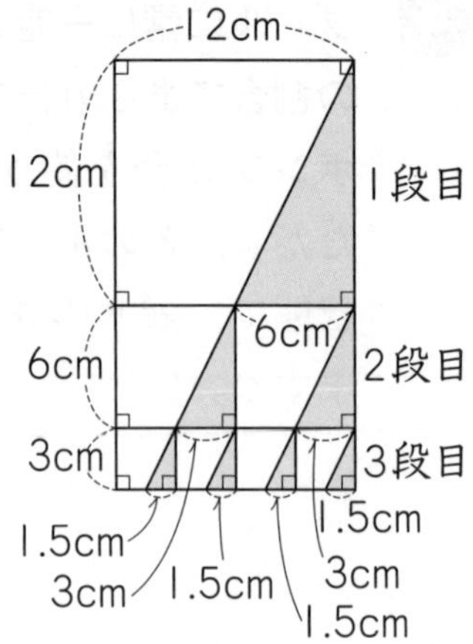

9 太郎さんと次郎さんと花子さんの3人で家から公園へ向かいました。太郎さんは家から公園まで休むことなく自転車で行きました。花子さんは太郎さんが出発してから5分後に家を出て，バス停まで6分で歩き，5分待って，バスに乗りました。その後，花子さんは公園近くのバス停で降り，公園まで歩きました。次郎さんは太郎さんと同時に，同じ速さで自転車で出発しましたが，とちゅうで忘れ物をしたことに気づき，それまでの1.5倍の速さで家にもどり，その速さで再び公園に向かいました。すると，3人は同時に公園に着きました。図は太郎さんが出発してからの時間と，太郎さんと花子さんの間のきょりをグラフに表したものです。歩く速さ，自転車の速さ，バスの速さはそれぞれ一定とします。 〔公文国際学園中〕

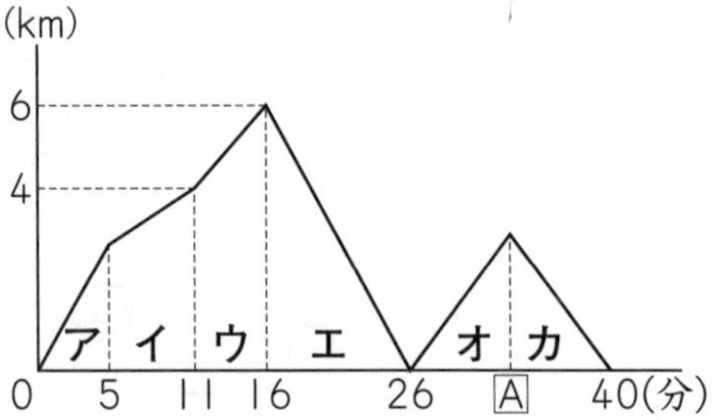

(1) 花子さんがバスに乗っているのは，**ア～カ**のうちどの部分ですか。すべて答えなさい。(6点)

〔　　　　　　　　　　　　　〕

(2) バスの速さは時速何kmですか。(6点)

〔　　　　　　　　　　　　　〕

(3) グラフの**A**にあてはまる数は何ですか。(7点)

〔　　　　　　　　　　　　　〕

(4) 次郎さんが忘れ物をしたことに気づいたのは家から何kmのところですか。(7点)

〔　　　　　　　　　　　　　〕

答　え

5年の復習 ①　　　2~3 ページ

1 (1)右　(2)左
2 式…12×10×2−(12−5)×(10−3)×2
　　　＝142
　　答え…142cm³
3 (1)100円　(2)2.4m
4 37.7
5 1.9kg
6 かおるさん
7 3×□＝○　(○÷3＝□，○÷□＝3)
8 1辺の長さ9cm　正方形の数10個
9 (1)午前8時24分　(2)午前9時36分

解き方

2 右の図で，点線
部分をふくむ大
きな直方体の体
積から，点線部
分の直方体の体
積をひいて求めます。

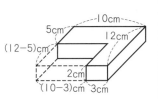

3 (1)80×1.25＝100(円)
　(2)192÷80＝2.4(m)

4 ある数を□とすると，6.5+□＝12.3より，
　□＝5.8
　正しい計算は，6.5×5.8＝37.7

5 3.2÷1.7＝1.88…(kg)

6 まりこさんの歩く速さは，7.2÷2＝3.6より，
　時速3.6km　2000m＝2km，30分＝0.5時間
　なので，かおるさんの歩く速さは，2÷0.5＝4
　より，時速4km

ここに注意 速さを比べるときは，道のり
(kmとm)や時間(時間と分)の単位をそろえて
比べます。

8 18と45の最大公約数は9
　正方形は縦に18÷9＝2(個)，横に45÷9＝5
　(個)ずつ切り取れるので，2×5＝10(個)

9 (1)6と8の最小公倍数は24
　(2)24分ごとに同時に出発するので，5回目に同

時に出発するのは，24×(5−1)＝96(分後)

ここに注意 (2)午前8時が1回目なので，
5回目は，5−1＝4より，4回後になります。

5年の復習 ②　　　4~5 ページ

1 (1)89点　(2)84点
2 (1)ア 16　イ 10　ウ 4
　(2)式…(2+6+0+16+10+11+4)
　　　÷7+300＝307
　　答え…307g
3 (1)1 7/15 m (22/15 m)
　(2)赤いテープが 2/15 m 長い
4 (1)5000円　(2)200円
5 (1)20cm²　(2)66.7%
6 ㋐ 9.42m　㋑ 9.42m　㋒ 9.42m

解き方

1 (1)(96+82+90+88)÷4＝89(点)
　(2)平均点 ＝ 合計点 ÷ 科目数なので，合計点は
　　平均点 × 科目数で求められます。4科目の
　　合計点は，96+82+90+88＝356(点)
　　5科目の合計点は，88×5＝440(点)　した
　　がって，英語の点数は，440−356＝84(点)

2 (2)仮の重さの平均は，(2+6+0+16+10+11
　　+4)÷7＝7(g)　仮の重さは実際の重さから
　　基準となる300gをひいた重さなので，実際
　　の重さの平均は，7+300＝307(g)

3 (1) 4/5 + 2/3 = 12/15 + 10/15 = 22/15 = 1 7/15 (m)
　(2) 4/5 − 2/3 = 12/15 − 10/15 = 2/15 (m)

4 (1)6500÷(1+0.3)＝5000(円)
　(2)6500×(1−0.2)＝5200
　　5200−5000＝200(円)

5 (1)(10−2)×(6−1)÷2＝20(cm²)
　(2)もとの三角形の面積は，10×6÷2＝30(cm²)

ひっぱると，はずして使えます。

$20 \div 30 \times 100 = 66.\overset{7}{\cancel{6}}\cancel{6}\cdots(\%)$

6 ⑦ $3+1+2=6(\text{m})$ より，道のりは直径 6m の円周の半分なので，$6 \times 3.14 \div 2 = 9.42(\text{m})$

⑦ $3+1=4(\text{m})$ より，道のりは直径 4m の円周の半分と直径 2m の円周の半分との和になります。

$4 \times 3.14 \div 2 + 2 \times 3.14 \div 2 = 9.42(\text{m})$

⑦ $1+2=3(\text{m})$ より，道のりは直径 3m の円周の半分の 2 つ分になります。

$3 \times 3.14 \div 2 \times 2 = 9.42(\text{m})$

1 分数のかけ算

ステップ 1　　　　6~7 ページ

1 $1\frac{1}{20} \text{ m}^2\left(\frac{21}{20} \text{ m}^2\right)$

2 $\frac{1}{10} \text{ cm}^2$

3 3L

4 20 ページ

5 $\frac{1}{2} \text{ kg}$

6 1L

7 $\frac{2}{3} \text{ cm}$

8 $13\frac{1}{3} \text{ L}\left(\frac{40}{3} \text{ L}\right)$

9 $1\frac{1}{8} \text{ km}\left(\frac{9}{8} \text{ km}\right)$

解き方

1 $\frac{3}{4} \times \frac{7}{5} = \frac{21}{20} = 1\frac{1}{20}(\text{m}^2)$

2 $\frac{4}{15} \times \frac{3}{8} = \frac{1}{10}(\text{cm}^2)$

3 $\frac{1}{3} \times 9 = 3(\text{L})$

4 $100 \times \frac{1}{5} = 20(\text{ページ})$

5 $\frac{2}{3} \times \frac{3}{4} = \frac{1}{2}(\text{kg})$

6 30秒$=\frac{30}{60}$ 分$=\frac{1}{2}$ 分より，$\frac{2}{5} \times 2\frac{1}{2} = 1(\text{L})$

7 $1.25 = \frac{125}{100} = \frac{5}{4}$，32秒$=\frac{32}{60}$ 分$=\frac{8}{15}$ 分より，

$\frac{5}{4} \times \frac{8}{15} = \frac{2}{3}(\text{cm})$

8 15分$=\frac{15}{60}$ 時間$=\frac{1}{4}$ 時間より，

$\frac{80}{3} \times 2 \times \frac{1}{4} = \frac{80 \times 2 \times 1}{3 \times 1 \times 4} = \frac{40}{3} = 13\frac{1}{3}(\text{L})$

9 公園から学校までの道のりは，

$\frac{5}{8} \times \frac{4}{5} = \frac{1}{2}(\text{km})$ なので，求める道のりは，

$\frac{5}{8} + \frac{1}{2} = \frac{9}{8} = 1\frac{1}{8}(\text{km})$

ステップ 2　　　　8~9 ページ

1 (1)6cm　(2)36cm　(3)$32\frac{7}{10} \text{ cm}$

2 (1)32cm　(2)$71\frac{1}{2} \text{ cm}$

3 $2\frac{2}{5}\left(\frac{12}{5}\right)$

4 (1)$\frac{2}{5} \text{ L}$　(2)28L

5 (1)300 ページ　(2)40 ページ

解き方

1 (1)$\frac{3}{50} \times 100 = 6(\text{cm})$

(2)もとの長さは 30cm で，おもりによってのびた長さが 6cm なので，求める長さは，

$30 + 6 = 36(\text{cm})$

(3)$\frac{3}{50} \times 45 = 2\frac{7}{10}(\text{cm})$，$30 + 2\frac{7}{10} = 32\frac{7}{10}(\text{cm})$

> **ここに注意** おもりをつるしたときのばねの長さは，もとの長さとのびた長さの和になります。

2 (1)$24 \times \frac{4}{3} = 32(\text{cm})$

(2)C のテープの長さは，$32 \times \frac{5}{8} = 20(\text{cm})$

3 本のテープをつないだときのつなぎ目は，$3-1=2(\text{か所})$ なので，のりしろは全部で，

$\frac{9}{4} \times 2 = 4\frac{1}{2}(\text{cm})$　よって，求める長さは，

$24 + 32 + 20 - 4\frac{1}{2} = 71\frac{1}{2}(\text{cm})$

3 求める分数を $\frac{□}{○}$ とします。$\frac{15}{4} \times \frac{□}{○}$ が整数(分母が 1 の分数)となるのは，□ が 4 の倍数，○ が 15 の約数であるときです。同じように，$\frac{25}{12} \times \frac{□}{○}$ も整数となるので，□ は 12 の倍数，○ は 25 の約数です。このどちらにもあてはまる□は 4 と 12 の公倍数で，○は 15 と 25 の公約数です。

このような分数のうち，最も小さいものなので，□は 4 と 12 の最小公倍数 12，○は 15 と 25 の最大公約数 5 になります。

> **ここに注意**
> 求める分数は，$\dfrac{分母の最小公倍数}{分子の最大公約数}$ となります。

4 (1)妹は，朝に $0.2 \times \dfrac{3}{4} = \dfrac{1}{5} \times \dfrac{3}{4} = \dfrac{3}{20}$(L)，昼に $\dfrac{1}{3} \times \dfrac{3}{4} = \dfrac{1}{4}$(L) 飲むので，1 日に飲む量は，

$\dfrac{3}{20} + \dfrac{1}{4} = \dfrac{2}{5}$(L)

(2)たかおさんは 1 日に $0.2 + \dfrac{1}{3} = \dfrac{1}{5} + \dfrac{1}{3} = \dfrac{8}{15}$(L)

飲むので，2 人合わせて 1 日に $\dfrac{8}{15} + \dfrac{2}{5} = \dfrac{14}{15}$(L)

飲みます。したがって，30 日では，

$\dfrac{14}{15} \times 30 = 28$(L)

5 (1)1 日目に $400 \times \dfrac{1}{4} = 100$(ページ)読み，2 日目は残り $400 - 100 = 300$(ページ)の $\dfrac{2}{3}$ に

あたる $300 \times \dfrac{2}{3} = 200$(ページ)を読んだので，

$100 + 200 = 300$(ページ)

(2)2 日目に読んだ後の残りは，$400 - 300 = 100$(ページ)　3 日目にこの $\dfrac{3}{5}$ にあたる

$100 \times \dfrac{3}{5} = 60$(ページ)を読んだので，まだ読んでいないページは，$100 - 60 = 40$(ページ)

2 分数のわり算

ステップ**1**　　　10〜11 ページ

1 $\dfrac{5}{18}$ L

2 $2\dfrac{2}{3}$ kg $\left(\dfrac{8}{3} \text{ kg}\right)$

3 (1)$12 \div \dfrac{2}{3}$

(2)説明…(例)$12 \div 2 = 6$(m²)ぬるのに $\dfrac{1}{3}$ L

使う。1L は $\dfrac{1}{3}$ L の 3 倍なので，

$6 \times 3 = 18$(m²)

答え…18m²

4 ア，イ

5 $1\dfrac{1}{4}$ cm $\left(\dfrac{5}{4} \text{ cm}\right)$

6 $\dfrac{4}{5}$ 倍

7 時速 48km

> **解き方**

1 $\dfrac{5}{6} \div 3 = \dfrac{5}{6} \times \dfrac{1}{3} = \dfrac{5}{18}$(L)

2 $\dfrac{2}{3} \div \dfrac{1}{4} = \dfrac{2}{3} \times 4 = \dfrac{8}{3} = 2\dfrac{2}{3}$(kg)

4 わる数が 1 より小さいとき，商はわられる数より大きくなります。

5 $\dfrac{15}{16} \div \dfrac{3}{4} = \dfrac{15}{16} \times \dfrac{4}{3} = \dfrac{5}{4} = 1\dfrac{1}{4}$(cm)

6 $\dfrac{14}{15} \div \dfrac{7}{6} = \dfrac{14}{15} \times \dfrac{6}{7} = \dfrac{4}{5}$(倍)

7 1 時間 15 分 = $1\dfrac{15}{60}$ 時間 = $1\dfrac{1}{4}$ 時間 なので，

時速は，$60 \div 1\dfrac{1}{4} = 60 \div \dfrac{5}{4} = 60 \times \dfrac{4}{5} = 48$(km/時)

ステップ**2**　　　12〜13 ページ

1 (1)$\dfrac{7}{20}$ g　(2)20L

2 $\dfrac{9}{25}$ kg

3 (1)$\dfrac{7}{60}$　(2)$19\dfrac{1}{5}\left(\dfrac{96}{5}\right)$

4 217kg

5 $\dfrac{35}{96}$

6 $1\dfrac{1}{4}$ kg $\left(\dfrac{5}{4} \text{ kg}\right)$

7 (1)$12\dfrac{1}{2}$ cm² $\left(\dfrac{25}{2} \text{ cm}^2\right)$

(2)$5\dfrac{5}{7}$ cm $\left(\dfrac{40}{7} \text{ cm}\right)$

> **解き方**

1 (1)$\dfrac{1}{5} \div \dfrac{4}{7} = \dfrac{7}{20}$(g)

(2)1L 中に $\dfrac{7}{20}$ g とけているので，7g をとかすのに必要な水の量は，$7 \div \dfrac{7}{20} = 20$(L)

2 4 日分のお米の量は，$2 - \dfrac{14}{25} = 1\dfrac{11}{25}$(kg)なので，

1 日あたりの量は，$1\dfrac{11}{25} \div 4 = \dfrac{9}{25}$(kg)

❸ (1)求める分数を $\dfrac{\square}{\bigcirc}$ とします。

$$\dfrac{14}{15}\div\dfrac{\square}{\bigcirc}=\dfrac{14}{15}\times\dfrac{\bigcirc}{\square}, \quad 1\dfrac{3}{4}\div\dfrac{\square}{\bigcirc}=\dfrac{7}{4}\times\dfrac{\bigcirc}{\square}$$

どちらも整数になるような分数のうち，最も大きいものが $\dfrac{\square}{\bigcirc}$ なので，□は 14 と 7 の最大公約数 7，○は 15 と 4 の最小公倍数 60 になります。

(2)求める分数を $\dfrac{\square}{\bigcirc}$ とします。

$$\dfrac{75}{36}=\dfrac{25}{12}, \quad \dfrac{96}{135}=\dfrac{32}{45} なので，\dfrac{\square}{\bigcirc}\times\dfrac{25}{12},$$

$$\dfrac{\square}{\bigcirc}\div\dfrac{32}{45}=\dfrac{\square}{\bigcirc}\times\dfrac{45}{32}$$

どちらも整数になるような分数のうち最も小さいものが $\dfrac{\square}{\bigcirc}$ なので，□は 12 と 32 の最小公倍数 96，○は 25 と 45 の最大公約数 5 になります。

> **ここに注意** (1)分数を大きくするには，分子をなるべく大きな数に，分母をなるべく小さな数にします。

❹ $46.5\div1\dfrac{1}{4}\times5\dfrac{5}{6}=46\dfrac{1}{2}\times\dfrac{4}{5}\times5\dfrac{5}{6}=217$(kg)

❺ ある数を□とすると，$\square\times\dfrac{12}{5}=\dfrac{21}{10}$ より，

$\square=\dfrac{21}{10}\div\dfrac{12}{5}$ で求められます。

$\square=\dfrac{7}{8}$ より，正しい答えは，$\dfrac{7}{8}\times\dfrac{5}{12}=\dfrac{35}{96}$

❻ 液体が入っている容器の重さの差は，

$$2\dfrac{5}{12}-1\dfrac{19}{24}=\dfrac{15}{24}=\dfrac{5}{8}(kg)$$

液体 $\dfrac{1}{2}$ L の重さが $\dfrac{5}{8}$ kg なので，

液体 1L の重さは，$\dfrac{5}{8}\div\dfrac{1}{2}=\dfrac{5}{4}=1\dfrac{1}{4}$(kg)

❼ (1)$6\dfrac{2}{3}\times3\dfrac{3}{4}\div2=12\dfrac{1}{2}$(cm²)

(2)求める高さを□ cm とします。辺 AC を底辺としても三角形 ABC の面積は変わらないので，

$4\dfrac{3}{8}\times\square\div2=12\dfrac{1}{2}$ が成り立ちます。

よって，$\square=12\dfrac{1}{2}\div4\dfrac{3}{8}\times2=\dfrac{40}{7}=5\dfrac{5}{7}$(cm)

---

❸ 文字と式

> **ステップ1** 14〜15 ページ

❶ (1)$80\times x$(円) (2)$y\div4$(mL)
   (3)$1500-x\times4$(円)
❷ $x\times5+30$(ページ)
❸ (例)$(x+5)\times2$(m) $(x\times2+5\times2$(m))
❹ イ
❺ (1)$a\times b=1500$ (2)$(a-b)\times6=480$
❻ (1)$15\div x+3=8$ (2)イ
❼ (1)式…$x\times3+2=92$ 答え…30 個
   (2)式…(例)$x\times\left(1-\dfrac{2}{5}\right)=42$ 答え…70 枚

解き方

❶ (1)代金＝1本あたりの値段×本数
   (3)おつり＝出した金額－代金
❷ 本のページ数＝読み終えたページ数＋残りのページ数
❸ 長方形のまわりの長さ ＝(縦 ＋ 横)×2
   長方形は縦が 2 本，横が 2 本でできているので，縦 ×2＋ 横 ×2 としてもかまいません。

> **ここに注意** 文字で式を表すとき，表し方が 1 つではなくいろいろなパターンがある場合があります。そのような場合は，答えでは例を書いておきます。

❹ ア…$a\times5-25$ ウ…$a\times5\div25$
   エ…$a\times(5+25)$

> **ここに注意** エの式も似ていますが，計算の順序が異なります。エでは，男子と女子を合わせた 5＋25(人)に $a$cm ずつ配るので，人数のたし算を先に計算するためにかっこをつけます。

❺ (2)a から b をひいた差は $a-b$ と表せます。これを 6 倍するので，$a-b$ を先に計算するためにかっこをつけます。
❻ (2)(1)でつくった式の x に，ア〜エの数をそれぞれあてはめて，式が成り立つものが答えです。
❼ (1)3 ふくろ分に 2 個加えると 92 個になるので，3 ふくろ分は 92－2＝90(個)になります。
   よって，1 ふくろ分は 90÷3 より 30 個とわかります。これを式で表すと，
   $x\times3+2=92$ $x\times3=92-2$
   $x\times3=90$ $x=90\div3$ $x=30$

(2)$x \times \left(1 - \dfrac{2}{5}\right) = 42$　　$x \times \dfrac{3}{5} = 42$

　　　$x = 42 \div \dfrac{3}{5}$　　$x = 70$

ステップ2　　　　　　　　16〜17 ページ

1 (1)えん筆を5本とコンパスを1個買うとき
　　の代金
　(2)ノートを1冊につき10円値引きして
　　もらって3冊買うときの代金
2 (1)$x \times 20$(点)
　(2)$(x \times 20 + y \times 15) \div 35$(点)
3 (1)(例)$5 \times x + 3 = 38$　(2)7 きゃく
4 (1)(例)$2000 \times (1 + x \div 100)$(円)
　　$(2000 + 2000 \times x \div 100$(円)$)$
　(2)$x = 50$
5 (1)(例)$15 \times 8 \times x$(cm³)　(2)$x = 14.4$
6 (1)(例)$x \times 2 + (x - 40) = 260$
　(2)りんご 100 円　みかん 60 円

解き方

1 (2)$b - 10$ は，「ノート1冊の値段から10円を
　ひく」ことを表しています。これに3をかけ
　ているので，問題の場面に合うように「3冊買
　う」と考えます。

> **ここに注意**　金額(円)と個数(個)など，異
> なるものをたしたりひいたりすることは意味が
> ありません。(2)では，値段表に10という数は
> ありませんが，b が金額を表しているので，10
> も金額を表しており単位は円であると考えます。

2 (2)クラス全体の平均点 ＝
　　(男子の合計点数 ＋ 女子の合計点数) ÷ クラ
　　ス全体の人数
3 (1)クラスの人数 ＝ 長いすに座った人数 ＋ 座れ
　　なかった人数
　(2)$5 \times x + 3 = 38$　　$5 \times x = 38 - 3$
　　$5 \times x = 35$　　$x = 35 \div 5$　　$x = 7$
4 (1)定価 ＝ 仕入れた値段 ×(1 ＋ 利益の割合)
　　または，定価 ＝ 仕入れた値段 ＋ 利益
　　どちらかの式に数や文字をあてはめます。
　(2)$2000 \times (1 + x \div 100) = 3000$ より，
　　$1 + x \div 100 = 3000 \div 2000$　　$1 + x \div 100 = 1\dfrac{1}{2}$
　　$x \div 100 = 1\dfrac{1}{2} - 1$　　$x \div 100 = \dfrac{1}{2}$
　　$x = \dfrac{1}{2} \times 100$　　$x = 50$

5 (2)$15 \times 8 \times x = 12 \times 12 \times 12$ より，
　　$120 \times x = 1728$　　$x = 1728 \div 120$　　$x = 14.4$
6 (2)みかん1個の代わりにりんご1個を買うと，
　　代金は 40 円高くなります。したがって，り
　　んご3個の代金は 260 + 40 = 300(円)とな
　　るので，りんご1個は 300 ÷ 3 = 100(円)と
　　わかります。これを式で表すと，
　　$x \times 2 + (x - 40) = 260$　　$x \times 2 + x = 260 + 40$
　　$x \times 3 = 300$　　$x = 300 \div 3$　　$x = 100$
　　りんご1個が 100 円なので，みかん1個は
　　100 - 40 = 60(円)

4 資料の調べ方

ステップ1　　　　　　　　18〜19 ページ

1 (1)35人　(2)4点　(3)179点　(4)5.1点
2 (例1)A 班の生徒の平均回数は 2.4 回，B
　班の生徒の平均回数は 2.8 回なので，必
　ずしも正しいとはいえない。
　(例2)A 班の生徒の中央値は 2 回，B 班
　の生徒の中央値は 3 回なので，必ずしも
　正しいとはいえない。
3 (1)22人　(2)9 秒以上 10 秒未満の階級
　(3)

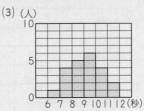

4 (1)20人　(2)70%
　(3)150cm 以上 160cm 未満

解き方

1 (2)ドットの数が最も多い点数です。
　(3)$0 \times 1 + 2 \times 2 + 3 \times 4 + 4 \times 8 + 5 \times 6 + 6 \times 6 +$
　　$7 \times 4 + 9 \times 3 + 10 \times 1 = 179$(点)
　(4)$179 \div 35 = 5.1\backslash\cdots$(点)
2 A 班の平均回数 ＝ $(5 \times 3 + 3 \times 1 + 2 \times 2 + 1 \times 2$
　$+ 0 \times 2) \div (3 + 1 + 2 + 2 + 2)$
　$= 24 \div 10 = 2.4$(回)
　B 班 の 平 均 回 数 ＝ $(4 \times 4 + 3 \times 2 + 2 \times 3 + 0$
　$\times 1) \div (4 + 2 + 3 + 1) = 28 \div 10 = 2.8$(回)

4 (2)140cm 以上の人数は、7＋5＋2＝14(人)より、14÷20×100＝70(%)

ステップ2　　　20〜21 ページ

1 (1)45% (2)20 番目から 31 番目
2 (1)8.5 点
　　(2)イ 24 人　ウ 23 人　エ 23 人
　　(3)20 人
3 10 番目から 20 番目
4 (1)10分以上15分未満　(2)30 人
　　(3)20%　(4)22 分

解き方
1 (1)18÷40×100＝45(%)
　　(2)60 点以上の生徒は 19 人います。50 点以上60 点未満の生徒 12 人のうち 55 点の人を除いた 11 人全員が、54 点以下であれば 20 番目、56 点以上であれば 19＋12＝31 より 31 番目になります。

2 得点，正解した問題，人数を表にまとめると右のようになります。
(1)44 人の得点の合計は 374 点なので，平均点は，374÷44＝8.5(点)
(2)得点が 8 点の人には，アとエを正解した人と，イとウを正解した人がいます。アを正解した人が 26 人なので，アとエを正解した人は，26−(1＋4＋5＋4＋4＋4＋1)＝3(人)よって，イとウを正解した人は，5−3＝2(人)

得点(点)	正解した問題	人数(人)
0	なし	1
1	ア	1
3	イ	1
4	ア，イ	4
5	ウ	3
6	ア，ウ	5
7	エ	2
8	ア，エ／イ，ウ	5
9	ア，イ，ウ	4
10	イ，エ	5
11	ア，イ，エ	4
12	ウ，エ	1
13	ア，ウ，エ	4
15	イ，ウ，エ	3
16	ア，イ，ウ，エ	1

になります。
イを正解した人は，
1＋4＋2＋4＋5＋4＋3＋1＝24(人)
ウを正解した人は，
3＋5＋2＋4＋1＋4＋3＋1＝23(人)
エを正解した人は，
2＋3＋5＋4＋1＋4＋3＋1＝23(人)
(3)表より，4＋5＋5＋5＋1＝20(人)

3 6 年生男子全体の人数は，14÷0.35＝40(人)なので，20m 以上 25m 未満の人数は，40−(2＋11＋14＋6)＝7(人)　25m 以上 30m 未満の階級の中でのりゆきさんの記録が最も短いときは，2＋7＋1＝10(番目)，最も長いときは，2＋7＋11＝20(番目)にいることになります。

4 (4)15 分 20 秒 ＝15$\frac{1}{3}$分より，2 人が転校してくるまでの全員の通学時間の合計は，
$15\frac{1}{3}×30＝460(分)$
2 人が転校してきた後の平均通学時間は，
15 分 45 秒 ＝15$\frac{3}{4}$分なので，全員の通学時間の合計は，
$15\frac{3}{4}×(30＋2)＝504(分)$
2 人分が増えたことで全体の通学時間が，504−460＝44(分)増えたので，2 人の通学時間は，44÷2＝22(分)

5 場合の数

ステップ1　　　22〜23 ページ

1 (例)まず左はしにくる 1 人を決めて，次に残りの 2 人の並び方をかく。すべてかき終えたら，左はしにくる人を別の人にして，残りの 2 人の並び方をかく。このように，左はしから順に整理してかく。
2 (1)6 通り　(2)24 通り
3 (1)20 通り　(2)8 通り　(3)4 通り
4 8 通り

⑤ 10通り

⑥ 6通り

⑦ (1)15通り　(2)18通り

⑧ 6通り

解き方

② (1)右の図のように、3人
の走る順番は6通りあ
ります。

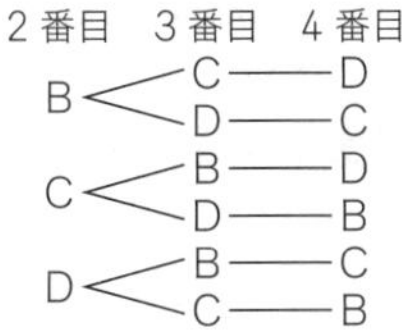

2番目　3番目　4番目

B ┌ C ─ D
　└ D ─ C
C ┌ B ─ D
　└ D ─ B
D ┌ B ─ C
　└ C ─ B

(2)Aが最初に走るときが
(1)より6通りあり、B,
C, Dが最初に走るときもそれぞれ6通りず
つあります。よって、全部で6×4=24(通り)

③ (1)右の図のように、十の位が1
である場合は4通りあります。
十の位が2, 3, 4, 5のとき
も同様に4通りずつあるので、
4×5=20(通り)

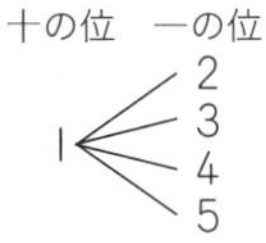

十の位　一の位

1 ┬ 2
　├ 3
　├ 4
　└ 5

(2)偶数になるのは、一の位が2か4のときです。
一の位が2のとき、十の位は1, 3, 4, 5の
4通りあります。一の位が4のときも同様な
ので、偶数は、4×2=8(通り)

(3)12, 24. 32, 52の4通りあります。

┌─────────────────────────────┐
│ ▶**ここに注意**　偶数や奇数は、│
│ 一の位の数をもとに場合分けし │
│ ます。　　　　　　十の位 一の位│
│ 偶数…一の位が0, 2, 4, 6, 8 │ 1 ┐
│ 奇数…一の位が1, 3, 5, 7, 9 │ 3 ├ 2
│ 　　　　　　　　　　　　　　4 ├ │
│ 　　　　　　　　　　　　　　5 ┘ │
└─────────────────────────────┘

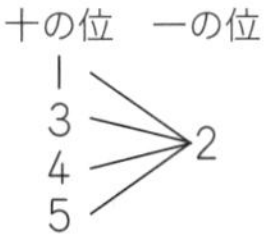

④ 表を○、裏を×
として図をかく
と、右のように
8通りあります。

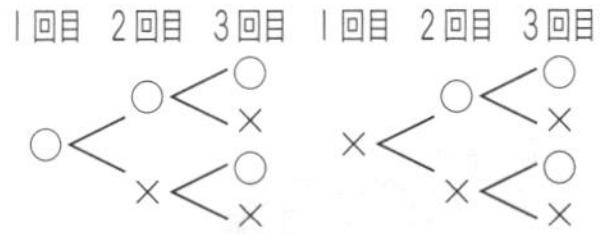

1回目 2回目 3回目　1回目 2回目 3回目

⑤ 下の図より、全部で10通りの選び方があります。

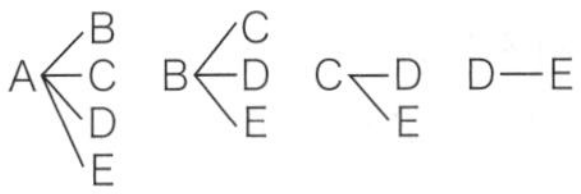

A ┌ B
　├ C
　├ D
　└ E

B ┌ C
　├ D
　└ E

C ┌ D
　└ E

D ─ E

⑥ リーグ戦では右のような
表をかきます。AとA、B
とBのように、同じチー
ムどうしは試合をするこ
とができないので除きま
す。AとB、BとAは同
じ組み合わせなので、2回数えないように注意
しましょう。表より、組み合わせは全部で6通
りあります。

	A	B	C	D
A	╲	○	○	○
B		╲	○	○
C			╲	○
D				╲

⑦ (1)右の図の
ように、
15通り
あります。

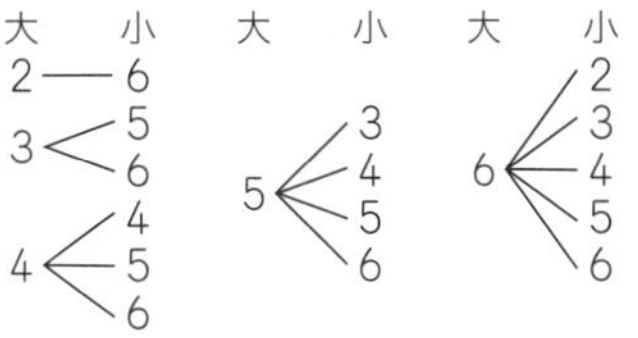

大　小
2─6
3 ┌ 5
　└ 6
4 ┌ 4
　├ 5
　└ 6

大　小
5 ┌ 3
　├ 4
　├ 5
　└ 6

大　小
6 ┌ 2
　├ 3
　├ 4
　├ 5
　└ 6

(2)一の位が
奇数となればよいので、小さいさいころの目
が1, 3, 5の場合を考えます。小さいさい
ころの目が1のとき、大きいさいころの目は
1〜6の6通りあります。小さいさいころの
目が3, 5のときも同様に6通りずつあるので、
全部で、6×3=18(通り)

⑧ 100円の枚数で場合分けします。

・100円が1枚のとき、(50円, 10円)=(1,
20), (2, 15), (3, 10), (4, 5)の4通り。

・100円が2枚のとき、(50円, 10円)=(1,
10), (2, 5)の2通り。

・100円が3枚のときは、350−100×3=50
より残りの金額は50円になります。50円と
10円をそれぞれ1枚ずつ使うと60円にな
るので、これは条件に合いません。

以上より、4+2=6(通り)

┌─────────────────────────────┐
│ ▶**ここに注意**　10円, 50円, 100円の中│
│ で最も金額が大きい100円の枚数によって場 │
│ 合分けすると考えやすくなります。 │
└─────────────────────────────┘

ステップ2　　　　　24〜25ページ

① 10通り

② (1)24通り　(2)48通り

③ (1)10通り　(2)40通り　(3)36通り

④ 30通り

⑤ 15通り

⑥ (1)6通り　(2)ABACBC, ABCABC,
ABCACB, ABCBAC, ABCBCA,
ACABCB, ACBABC, ACBACB,
ACBCAB, ACBCBA　(3)30通り

解き方

① 下のような表をかいて整理します。

A	1	1	1	1	2	2	2	3	4
B	1	2	3	4	1	2	3	1	1
C	4	3	2	1	3	2	1	2	1

② (1)右の図のように、各部分に
①〜④の番号をつけます。
①には4通りの色の使い
方があり、そのそれぞれに

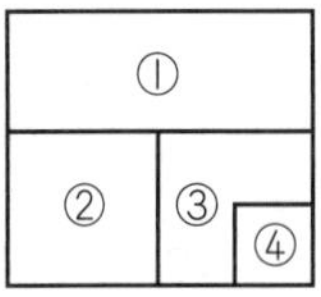

┌─────────────┐
│ 　　　① 　　　│
├───────┬───┤
│ 　②　 │ ③ │ │
│ 　　　 │ 　 ├─┤
│ 　　　 │ 　 │④│
└───────┴───┴─┘

7

ついて，②は残りの3色から選ぶので3通り，③はその残りの2色から選ぶので2通り，④は最後に残った色なので1通りずつあります。
よって，4×3×2×1=24(通り)

(2)①の色の使い方は4通り，②は3通り，③は2通り，④は①と同色か②と同色の2通りあります。よって，4×3×2×2=48(通り)

③ (1)積の一の位の数字が1になる組み合わせは，1×1，3×7のとき。
・1のカードを2枚選んだとき，(赤1，黒1)，(黒1，赤1)の2通り。
・3と7のカードを選んだとき，(赤3，赤7)，(赤7，赤3)，(赤3，黒7)，(黒7，赤3)，(黒3，黒7)，(黒7，黒3)，(黒3，赤7)，(赤7，黒3)の8通り。
よって，2+8=10(通り)

(2)積の一の位の数字が2になる組み合わせは，1×2，2×6，3×4，4×8，6×7の5通り。
(1)より，そのそれぞれに8通りの並べ方があるので，8×5=40(通り)

(3)積の一の位の数字が4になる組み合わせは，1×4，2×2，2×7，3×8，4×6，8×8です。
(1)より，2×2と8×8のときは2通りずつ，その他は8通りずつ並べ方があるので，2×2+8×4=36(通り)

④ 一の位が0，2，4である場合なので，一の位，十の位，百の位の順に考えます。

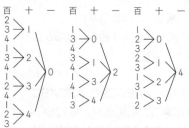

□ここに注意□ 百の位に0がくることはありません。一の位が0のときが12通りだからといって12×3として計算せずに，上のように図をかいて考えましょう。

⑤ 四角形の2本の対角線は必ず交わるので，四角形がいくつできるか考えます。
6つの頂点から異なる4つの点を選ぶことは，6つの頂点から残りの2つの点を選ぶことと同じです。残りの2つの点の選び方は，
(A，B)，(A，C)，(A，D)，(A，E)，(A，F)，(B，C)，(B，D)，(B，E)，(B，F)，(C，D)，
(C，E)，(C，F)，(D，E)，(D，F)，(E，F)の15通りあります。

□ここに注意□ 3つ以上の点が一直線上にないときは，右の図のように，異なる4点を選ぶと対角線はただ1通りに決まります。

⑥ (1)AA，BB，CCをそれぞれ1つのかたまり[A]，[B]，[C]とおくと，[A]，[B]，[C]の3個の文字を一列に並べることと同じです。よって，3×2×1=6(通り)

(2)・左はしのAのとなりにBがくるとき
ABACBC，ABCABC，ABCACB，ABCBAC，ABCBCA
・左はしのAのとなりにCがくるとき
ACABCB，ACBABC，ACBACB，ACBCAB，ACBCBA

(3)(2)と同じように，同じ文字がとなりあわないような並べ方で，左はしがB，Cであるものはそれぞれ10通りずつあります。
よって，10×3=30(通り)

□ここに注意□ (2)1つずつ数えていくしか方法がないときでも，「左はしのAのとなりにBがくるとき」または「左はしのAのとなりにCがくるとき」，さらに「一番左のABのとなりにCがくるとき」のように，場合分けすると考えやすくなります。思いつくまま数え上げるとミスをしやすいので，整理して数えましょう。

1~5
ステップ3　　　　26~27ページ

❶ 200cm
❷ A144cm　B160cm　C162cm
❸ (1)(例)(x−12)÷18=316
(2)203 余り16
❹ (1)2898　(2)6通り
❺ (1)(例)60×(40−x)+90×x=2700
(2)900m
❻ 7通り
❼ 22人

解き方

❶ はじめに落とした高さをxcmとすると，2回目にはね上がった高さは，

$x \times \dfrac{3}{5} \times \dfrac{3}{5} = x \times \dfrac{9}{25}$(cm)と表すことができます。

この高さが72cmなので，

$x \times \dfrac{9}{25} = 72$　$x = 72 \div \dfrac{9}{25}$　$x = 200$(cm)

2 $A = B \times \dfrac{9}{10}$ より，$B = A \times \dfrac{10}{9}$　また，

$A = C \times \dfrac{8}{9}$ より，$C = A \times \dfrac{9}{8}$ となります。

Aの身長の割合を$\boxed{1}$とすると，Bは$\boxed{\dfrac{10}{9}}$，Cは

$\boxed{\dfrac{9}{8}}$と表すことができ，2人の身長の差は，

$\boxed{\dfrac{9}{8}} - \boxed{\dfrac{10}{9}} = \boxed{\dfrac{1}{72}}$となります。これが2cmなので，

$\boxed{1} = 2 \div \boxed{\dfrac{1}{72}} = 144$ より，Aの身長は144cm

とわかります。したがって，

$B = 144 \times \dfrac{10}{9} = 160$ より，Bの身長は160cmで

す。また，$C = 160 + 2 = 162$ より，Cの身長は

162cmです。

3 (1)余りが12になったので，ある数より12小
さい数は18でわりきれます。この商が316
になることから，$(x - 12) \div 18 = 316$

(2)$(x - 12) \div 18 = 316$　$x - 12 = 316 \times 18$
$x - 12 = 5688$　$x = 5688 + 12 = 5700$
$5700 \div 28 = 203$ 余り 16

> **ここに注意** (1)問題文に出てくる順序で，
> $x \div 18 = 316 + 12$としないようにしましょう。
> この式では，$x \div 18 = 328$ となり，ある数を
> 18でわると商が328になることを表します。
> (2)xが数字のときの計算と逆の順序で計算しま
> す。⇒ 逆算　$\underset{①}{\underline{(5700 - 12)}} \div 18$
> 　　　　　　　$\underset{②}{\underline{}}$

4 (1)百の位が1のときと2のときに場合分けをし
て，整数をつくります。
・百の位が1のとき
100，101，102　→和は101×3
110，111，112　→和は111×3
120，121，122　→和は121×3
・百の位が2のとき
200，201，202　→和は201×3
210，211，212　→和は211×3
220，221，222　→和は221×3
$101 \times 3 + 111 \times 3 + 121 \times 3 + 201 \times 3 + 211 \times 3 + 221 \times 3 = (101 + 111 + 121 + 201 + 211 + 221) \times 3 = 966 \times 3 = 2898$

(2)3の倍数は，各位の数字の和が3の倍数となっ
ている整数です。したがって，102，111，
120，201，210，222の6通り。

> **ここに注意** (1)連続する3つの整数の和は，
> 真ん中の数の3倍になります。
> $100 + \underline{101} + 102 = \underline{101} \times 3 = 303$

5 (1)郵便局（ゆうびんきょく）からおばさんの家までは，

$60 \times \dfrac{3}{2} = 90$ より，分速90mで歩きました。

予定では，$2700 \div 60 = 45$(分)で着くはず
だったので，実際に歩いた時間は5分短い40
分間です。したがって，分速60mで$(40 - x)$
分間歩いた道のりと分速90mでx分間歩い
た道のりの合計が2.7kmとなります。

(2)(1)より，$60 \times (40 - x) + 90 \times x = 2700$
$2400 - 60 \times x + 90 \times x = 2700$
$90 \times x - 60 \times x = 2700 - 2400$
$(90 - 60) \times x = 300$　$30 \times x = 300$
$x = 10$ となるので，分速90mで10分間歩
いたとわかります。
よって，$90 \times 10 = 900$(m)

6 2つの辺の長さの和が残りの辺の長さより大き
くないと三角形を作ることができません。ま
た，裏返（うらがえ）して重なるものは同じものとするの
で，3本の並べ方は関係ありません。このよう
な3本の組み合わせは，(2cm，3cm，4cm)，
(2cm，4cm，5cm)，(2cm，5cm，6cm)，(3cm，
4cm，5cm)，(3cm，4cm，6cm)，(3cm，
5cm，6cm)，(4cm，5cm，6cm)の7通りあ
ります。

7 3問の配点から，得点が1点，4点，6点，9
点になることはないので，ドットが記されてい
ないのは3点と8点です。$7 \div \dfrac{20}{100} = 35$より，

クラスの人数は35人なので，3点と8点の人数は
合わせて$35 - (2 + 4 + 7 + 5 + 4) = 13$(人)
クラスの合計得点は，$5.2 \times 35 = 182$(点)なの
で，3点と8点の人の合計得点は，$182 - (0 \times 2 + 2 \times 4 + 5 \times 7 + 7 \times 5 + 10 \times 4) = 64$(点)
8点の人数をx人とすると，3点の人数は
$(13 - x)$人なので，$8 \times x + 3 \times (13 - x) = 64$
$8 \times x + 39 - 3 \times x = 64$
$8 \times x - 3 \times x = 64 - 39$　$5 \times x = 25$　$x = 5$ よ
り，8点が5人，3点が8人とわかります。
ここで，得点が5点の人の中には1問目と2問
目を正解した人と，3問目だけを正解した人が
います。3問目を正解した人は，7点，8点，

10点の全員と5点の人の一部なので，5点の
うち3問目を正解したのは，16－(5+5+4)＝
2(人)　したがって，5点のうち1問目と2問目
を正解したのは5人です。2問目を正解した人は，
3点，8点，10点の全員と5点の5人なので，
8+5+4+5＝22(人)

6 比とその利用

ステップ1　28～29ページ

❶ (1)3：5　(2)4：1
❷ ①1　②4　③2　④8　⑤比の値
❸ 2：3：6
❹ (1)4：3　(2)7：3
❺ 20cm
❻ (1)2：7＝x：49　(2)14個
❼ 兄1200円　妹900円　弟600円

解き方

❶ (2)Bがもとにする量になっています。もとにす
　　る量を1とすると，Aは4になります。
❸ 10，15，30の最大公約数5でそれぞれの数を
　　わると，10：15：30＝2：3：6
❹ (1)女子の人数は35－20＝15(人)なので，求め
　　る比は，20：15＝4：3
❺ 横の長さを□cmとすると，3：5＝12：□
　　と表せます。12は3の4倍なので，□は5の
　　4倍で20になります。

┌─────────────────────────────┐
│ **ここに注意**　□を計算で　　　①4倍
│ 求めることができます。　3：5＝12：□
│ □＝12÷3×5＝20　　　　　　②4倍
│ ①を求める ②を計算する
└─────────────────────────────┘

❻ (1)ゆみさんがもらったクッキーと残ったクッ
　　キーの比が2：5になるように分けたので，
　　全体の割合は，2+5＝7になります。

　　(2)x＝49×$\frac{2}{7}$＝14(個)

❼ ケーキの値段の割合は，4+3+2＝9と表すこ
　　とができます。

　　兄がはらった金額は，2700×$\frac{4}{9}$＝1200(円)

　　妹がはらった金額は，2700×$\frac{3}{9}$＝900(円)

　　弟がはらった金額は，2700×$\frac{2}{9}$＝600(円)

┌─────────────────────────────┐
│ **ここに注意**　ケーキの値段を割合で表して，
│ 兄，妹，弟がはらった金額をそれぞれ求めましょ
│ う。
└─────────────────────────────┘

ステップ2　30～31ページ

❶ 15：14
❷ $\frac{56}{91}$
❸ (1)18cm　(2)8cm　(3)22cm
❹ 20本
❺ AからBへ900mL移す
❻ $\frac{1}{14}$倍
❼ (1)2：6：9　(2)1000円　(3)102000円

解き方

❶ A：$\underline{B}$＝$\frac{1}{2}$：$\frac{1}{5}$＝5：2＝15：$\underline{6}$

　　$\underline{B}$：C＝3：7＝$\underline{6}$：14より，A：$\underline{B}$：C＝15：$\underline{6}$：14
　　よって，A：C＝15：14

┌─────────────────────────────┐
│ **ここに注意**　分数の比は，それぞれの分数
│ に分母の最小公倍数をかけて整数の比に直しま
│ す。　$\frac{1}{2}$：$\frac{1}{5}$＝$\frac{1}{2}$×10：$\frac{1}{5}$×10＝5：2
└─────────────────────────────┘

❷ 分母と分子の比が13：8なので，求める分数
　　を約分すると$\frac{8}{13}$になります。分母と分子を
　　□倍すると，分母と分子の差も□倍になるので，
　　13－8＝5　35÷5＝7より，分母と分子をそ
　　れぞれ7倍します。よって，求める分数は，

　　$\frac{8}{13}$＝$\frac{8×7}{13×7}$＝$\frac{56}{91}$

❸ 線分図をかいて考えます。

　　CB＝48×$\frac{3}{5+3}$＝18(cm)，AD＝48×$\frac{1}{1+5}$

　　＝8(cm)

　　CD＝AB－(AD+CB)＝48－(8+18)＝22(cm)

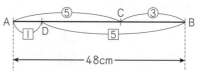

❹ えん筆の本数を⑤とおくと，赤ペンの本数
　　は④と表せます。
　　えん筆の代金は80×⑤＝④⓪⓪(円)
　　赤ペンの代金は100×④＝④⓪⓪(円)となるの
　　で，合計⑧⓪⓪＝3200となります。
　　したがって，①＝4より，えん筆の本数は，

10

$4 \times 5 = 20$(本)

5 水を移した後でも，A と B に入っている水の量の和は変わりません。

$2400 + 1600 = 4000$(mL)の水を A と B で $3 : 5$ に分けるので，移した後の A の水の量は，

$4000 \times \dfrac{3}{8} = 1500$(mL)となります。

よって，A から B へ $2400 - 1500 = 900$(mL)移せばよいことになります。

ここに注意 水を移した後でも，全体の水の量は変わらないので，全体の水の量と比を利用して，水を移した後の A に入っている水の量を求めます。

6 重なった部分の面積を 1 とおくと，小さい三角形の面積は 6 と表すことができます。大きい三角形の面積を□とすると，

$7 : 3 = □ : 6$ より，$□ = 14$ なので $\dfrac{1}{14}$ 倍です。

7 (1)A さんの 1 か月の貯金額を $\boxed{1}$ とおくと，B さんは $\boxed{1} \times 3 = \boxed{3}$，C さんは $\boxed{3} \times 1.5 = \boxed{4.5}$ となります。よって，

$\boxed{1} : \boxed{3} : \boxed{4.5} = 10 : 30 : 45 = 2 : 6 : 9$

(2)1 年間の A さんの貯金額は $\boxed{1} \times 12 = \boxed{12}$，B さんの 4 か月の貯金額は $\boxed{3} \times 4 = \boxed{12}$，C さんの 2 か月の貯金額は $\boxed{4.5} \times 2 = \boxed{9}$

3 人の合計貯金額 $\boxed{12} + \boxed{12} + \boxed{9} = \boxed{33}$ が 33000 円にあたるので，$\boxed{1} = 1000$(円)となります。

(3)B さん，C さんの 1 か月あたりの貯金額はそれぞれ，$1000 \times 3 = 3000$(円)，$1000 \times 4.5 = 4500$(円)

よって，3 人の 1 年間の貯金額は，$(1000 + 3000 + 4500) \times 12 = 102000$(円)

ここに注意 1 か月あたりの貯金額が最も少ない A さんの貯金額を $\boxed{1}$ とおくと，B さんと C さんの 1 か月あたりの貯金額も簡単な数字で表すことができます。

7 比 例

ステップ1 32〜33 ページ

1 (1)2 倍，3 倍，…になる　(2)15　(3)255g

2 (1)ア 320　イ 400　(2)$y = 80 \times x$

3 ウ，オ

4 (1)比例している　(2)リンゴジュースの量が 2 倍，3 倍，…になると，値段も 2 倍，3 倍，…になっているから。

(3)$y = 300 \times x$　(4)2400 円

5 右の図

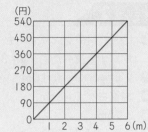

6 (1)250g

(2)360個

解き方

1 (2)□ × 長さ ＝ 重さより，□ ＝ 重さ ÷ 長さとなります。$15 \div 1 = 15$，$30 \div 2 = 15$，…なので，$□ = 15$

(3)$15 \times 17 = 255$(g)

2 (2)(1)の表を見ると，x の値に 80 をかけると y の値になっていることがわかります。

3 ア〜オのそれぞれについて，x と y の関係を式に表すと次のようになります。

ア…$y = 15 - x$　イ…$y = x \times 5 + 50$

ウ…$y = x \times 3$　エ…$y = 24 - x$

オ…$y = 120 \times x$

ここに注意 x と y の関係を表す式が，$y =$ **決まった値** $\times x$ や $y = x \times$ **決まった値** という形になっていれば，x と y は比例しています。

4 (3)グラフより，x の値に 300 をかけると y の値になっていることがわかります。

(4)$300 \times 8 = 2400$(円)

5 対応する x，y の値の組を表す点をかき，直線で結びます。

ここに注意 表には，x の値は 1 から 5 まで，y の値は 90 から 450 までしか書かれていませんが，グラフのはしまで直線をのばします。また，比例のグラフなので 0 の点をきちんと通るように気をつけてかきましょう。

6 (1)$150 \div 30 = 5$(倍)より，ねじ 30 個分の 5 倍の重さになります。

よって，$50 \times 5 = 250$(g)

(2)$600 \div 50 = 12$(倍)より，ねじの重さが 50g のときの 12 倍の個数になります。

よって，$30 \times 12 = 360$(個)

差は，12－4＝8(cm)

(4)(3)より，差が8cm のとき，おもりの重さは
15g です。
20÷8＝2.5(倍)より，差が20cm になるのは，
15×2.5＝37.5(g)

▎**ここに注意** (1)ねじ１個あたりの重さは
$50÷30＝\dfrac{5}{3}$(g)より，$\dfrac{5}{3}×150＝250$(g)とし
て求めることもできます。

ステップ**2**　34～35 ページ

1 比例の関係が成り立つもの…イ
x と y を使った式…$y＝3.14×x$

2 (1)$y＝45×x$　(2)10m

3 (1)重さ　(2)48cm²

4 3.75m

5 午後１時58分30秒

6 (1)32cm　(2)45g　(3)8cm　(4)37.5g

📖解き方

1 ア，ウ，エのそれぞれについて，x と y の関係
を式に表すと次のようになります。
ア…$y＝x×x$　ウ…$x×y＝50$　($y＝50÷x$)
エ…$y＝x×6＋100$

2 (1)3m の重さが120g なので，1m の重さは
40g になります。160g は40g の４倍なの
で，4m の重さが160g となり，その値段
が180円です。したがって，1m の値段は，
180÷4＝45(円)より，x m では45×x(円)
(2)(1)より，450＝45×x となる x の値を求め
ます。$x＝450÷45＝10$(m)

3 (2)面積が3×4＝12(cm²)の長方形の重さが8g
です。32÷8＝4(倍)より，もとの厚紙の面
積は，12×4＝48(cm²)

4 高さはかげの長さに比例します。
2.5÷1＝2.5(倍)より，木のかげの長さは，み
なみさんのかげの長さの2.5倍なので，木の高
さはみなみさんの身長の2.5倍になります。よっ
て，150×2.5＝375(cm)より，3.75m

5 １日24 時間で1.2 分 ＝72 秒おくれるので，１
時間では，72÷24＝3(秒)おくれます。午前8
時から翌日の午後２時まで，24＋(14－8)＝30
(時間)あるので，太郎さんの時計は，3×30＝90
(秒)，つまり１分30 秒おくれることになります。
よって，午後１時58分30秒

6 (1)10g で 8cm のびるので，40g では，
8×4＝32(cm)
(2)15g で 4cm のびるので，4cm の３倍の12cm
のばすためには，15×3＝45(g)
(3)15g のおもりをつるしたとき，A のばねのの
びは12cm，B のばねののびは4cm なので，

8 速さとグラフ

ステップ**1**　36～37 ページ

1 (1)$y＝70×x$　(2)560km　(3)12 時間

2 (1)分速80m　(2)22 分 30 秒後
(3)15 分後

3 (1)10 時 40 分　(2)②　(3)(例)①のときよ
り短い時間で 1600m 進んでいるから。

4 (1)右の図
(2)12 時 20 分
(3)右の図

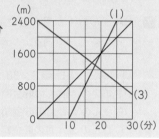

📖解き方

1 (2)70×8＝560(km)
(3)840÷70＝12(時間)

2 (1)1200÷15＝80(m/分)
(2)1800÷80＝22.5(分後)
(3)弟の歩く速さは，600÷10＝60(m/分)
２人の進んだ道のりは１分ごとに，
80－60＝20(m)ずつ差が広がるので，差が
300m になるのは，
300÷20＝15(分後)

3 (1)さやかさんが歩く速さは，グラフより
800÷20＝40(m/分)
図書館に着くまでにかかる時間は，
1600÷40＝40(分)より，10 時 40 分にな
ります。

▎**ここに注意** 速さのグラフにおいて，速く
なればなるほど直線のかたむきは急になり，お
そくなればなるほど直線のかたむきはゆるやか
になります。

4 (2)お兄さんの直線とこうじさんの直線が交わっ
ているところが追いついたところになります。

グラフより 20 分のところで直線が交わっているので、12 時 20 分に追いつきます。

(3)お母さんはこうじさんが家を出発するのと同時に駅から家に向かっているので、0 分のときは家から 2400m の地点にいます。分速 60m の速さで進むので、出発して 20 分後に駅から 60×20=1200（m）の地点、家から 2400−1200=1200（m）の地点にいることになります。

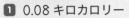

ステップ**2**　　38〜39 ページ

1 0.08 キロカロリー

2 (1)右の図
(2)8 分後
(3)兄 分速100m
　弟 分速60m

3 (1)5 : 3
(2)20 分後
(3)5 分後

4 (1)分速300m
(2)18 分後　(3)11 分 30 秒後

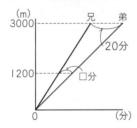

（m）
3000
1200
0　　　　　　（分）

解き方

1 ゆっくり歩いたとき、500 歩で 15 キロカロリー消費します。さらに、105−87=18（キロカロリー）消費する分だけゆっくり歩いていて、これは $500 \times \frac{18}{15} = 600$（歩）歩いていることになります。したがって、早歩きしたのは、2000−(500+600)=900（歩）で、このときに 87−15=72（キロカロリー）消費しています。よって、早歩きをすると 1 歩あたり、72÷900=0.08（キロカロリー）消費します。

2 (2)兄が休けいせずに進むと、右のグラフのようになります。2 人が同じ地点に到着したときの時間の差は、進んだ道のりに比例します。3000m で 20 分の差になるので、1200m では、3000 : 1200=20 : □ として、□ =20×1200÷3000=8（分）より、8 分後。

（m）
3000
1200
0　　　　　　（分）
兄　弟
20分
□分

(3)速さ × 時間 = 道のりなので、速さの比が 5:3 であれば、同じ道のりを進むのにかかる時間の比はその逆の 3:5 になります。3000m

を進むのに、兄は③分、弟は⑤分かかるとすると、その差の②分が 20 分にあたります。したがって、① =20÷2=10（分）となるので、兄は、10×3=30（分）で 3000m を進んだことになります。よって、兄の速さは、3000÷30=100（m/分）同様に、弟は、3000÷50=60（m/分）

> **ここに注意**　速さの比　　時間の比
> 5 : 3　 逆比　　3 : 5

3 (1)兄が歩いた道のりは、200+200+600=1000（m）同じ時間で弟は 600m 歩いています。速さと道のりは比例の関係にあるので、兄と弟の速さの比は、1000 : 600=5 : 3

(2)兄は出発してから忘れ物に気づいて家まで往復するのに 8 分かかっているので、はじめに 200m の地点にいたのは、はじめに家を出てから、8÷2=4（分後）よって、兄の速さは、200÷4=50（m/分）
(1)より、弟の速さは兄の速さの $\frac{3}{5}$ なので、
$50 \times \frac{3}{5} = 30$（m/分）
よって、弟が駅に着いたのは、600÷30=20（分後）

(3)はじめに家を出た 4 分後から 2 人は向かいあって進んでいます。はじめに家を出た 4 分後に兄と弟は、50×4−30×4=80（m）はなれています。したがって、80÷(50+30)=1（分後）に 2 人はすれちがいます。これは、2 人が家を出てから、4+1=5（分後）

> **ここに注意**　道のりの比　　速さの比
> 1000 : 600 =　　5 : 3

4 (1)1200÷2=600（m）より、バスが 2 台とも動いているとき、2 台のバスは 1 分間に 600m ずつ近づきます。2 台は同じ速さなので、600÷2=300（m/分）

(2)グラフより、2 台が最もはなれているときの道のりは 2400m です。周回コースが問題の図のように円形だとすると、これは 2 台が直径の両はしにいる状態です。したがって 1 周の半分が 2400m なので、1 周は、2400×2=4800（m）　この道のりを走るのにかかる時間は、4800÷300=16（分）

出発地点にもどるまでに停留所が 2 か所あるので，求める時間は，

16＋1×2＝18（分後）

(3)

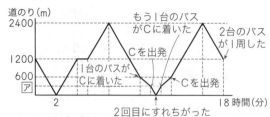

上の図のように，2 回目にすれちがった後，2 台目のバスが C に着きました。停車中の 1 分間は，1 台目のバスだけが分速 300m で進んでいるので，⑦にあてはまる道のりは，

600－300×1＝300（m）

2 回目にすれちがってから 300m はなれるまでの時間は，300÷600＝0.5（分）より，30 秒です。

2 台目のバスが C を出発してから，2 台のバスの進んだ道のりの合計が，

(2400－600)＋(2400－1200)＝3000（m）

になったとき，最初の出発地点からちょうど 1 周します。その時間は，3000÷600＝5（分）

よって，2 回目にすれちがうのは，1 周するより，5 分＋1 分＋30 秒＝6 分 30 秒前なので，18 分－6 分 30 秒＝11 分 30 秒（後）

9 反比例

ステップ **1・2**　　40〜41 ページ

1 (1)反比例している
(2)（例）x が 2 倍，3 倍，…になると，y は $\frac{1}{2}$ 倍，$\frac{1}{3}$ 倍，…になっているから。
(3)（例）$y＝18÷x$（$x×y＝18$，$x＝18÷y$）
(4)1.8

2 右の図

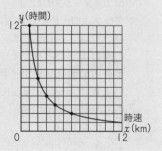

3 (1)20kg
(2)2.4m

4 A36
　C20

5 (1)歯車 B 2 回転
　　歯車 E 1 回転
(2)右の図
(3)15 回転

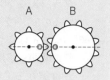

解き方

1 (4)$x＝18÷10＝1.8$

2 表を見て，対応する点をなめらかな曲線で結びます。

3 (1)$y×1.5＝60×0.5$ より，$y＝20$（kg）
(2)$20×AC＝80×0.6$ より，$AC＝2.4$（m）

4 A の歯数を□とおくと，□×1＝12×3 より，□＝36
C の歯数を△とおくと，△×3＝12×5 より，△＝20

5 (1)歯車 B の回転数は，8×3÷12＝2（回転）となります。すべての歯車がかみあっているので，どの歯車も（歯数）×（回転数）＝24 となっています。よって，歯車 E の回転数は，24÷24＝1（回転）
(2)歯車 A の回転数は，12×1÷8＝1.5（回転）なので，1 回転したあとで半回転（180°）だけ時計回りに回転します。
(3)それぞれの歯車が半回転するたびに，◎印が中心を結んだ線の上にくるので，はじめてすべての歯車の◎印が一直線上に並ぶのは，動いた歯数が 8，12，16，20，24 の半分である 4，6，8，10，12 の最小公倍数 120 になるときです。よって，A の回転数は，120÷8＝15（回転）

6 〜 9
ステップ **3**　　42〜43 ページ

1 1600 円

2 1%

3 (1)毎分 1.2cm　(2)毎分 0.4cm
(3)36cm　(4)22 分 30 秒後

4 (1)

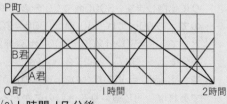

(2)1 時間 17 分後

5 ア10　イ22.5
6 歯車A　毎分4500回転
　　歯車D　毎分750回転

🖊️解き方

1 AさんとBさんの所持金の差は，
2400－1800＝600（円）
これが2人の比の差8－5＝3にあたるので，
比の1は，600÷3＝200（円）になります。
よって，Aさんの所持金は，200×8＝1600（円）

2 15％の食塩水2kgの中に，食塩は
2000×0.15＝300（g）入っています。Aのこ
さを①％とするとBのこさは③％となります。
A，Bそれぞれの食塩の量は，
$750×\dfrac{①}{100}＝\boxed{7.5}$（g），$250×\dfrac{③}{100}＝\boxed{7.5}$（g）
こさ10.5％の食塩水の量は，
2000＋750＋250＝3000（g）で，その中に食
塩は$3000×\dfrac{10.5}{100}＝315$（g）入っています。
よって，300＋$\boxed{7.5}$＋$\boxed{7.5}$＝315となるので，
⑮＝15
したがって，①＝1（％）

3 (1)15＋5＝20（分）で，30－6＝24（cm）短く
なったので，24÷20＝1.2（cm/分）
(2)火をつけて15分後の長さはAと等しいので，
30－1.2×15＝12（cm）
その後5分で2cm短くなったので，
2÷5＝0.4（cm/分）
(3)火をつけて15分後には12cmだったろうそ
くが，その7.5分後に燃えつきているので，
ろうそくCの短くなる速さは，
12÷7.5＝1.6（cm/分）
よって，火をつける前の長さは，
12＋1.6×15＝36（cm）
(4)火をつける前のろうそくBの長さは，
12＋0.4×15＝18（cm）
火をつけて□分後に，ろうそくBの長さがろ
うそくAの3倍になるとすると，
18－0.4×□＝（30－1.2×□）×3より，
18－0.4×□＝90－3.6×□
左右の式を比べて，
（3.6－0.4）×□＝90－18
3.2×□＝72
□＝72÷3.2
□＝22.5より，22分30秒後

4 (1)P町とQ町はA君が1時間かけて進むきょ
りだけはなれているので，4×1＝4（km）はな

れています。
C君は，P町からQ町へ進む間に3回休けい
をとるので，歩く時間は，
1時間25分－15分×3＝40分
C君は4kmを40分で進むので，進む速さ
は，$4÷\dfrac{40}{60}＝6$（km/時）となり，1km進むの
に10分かかります。
C君がQ町からP町へもどるときはB君と
同じ時速8kmの速さなので，C君のグラフ
はB君がQ町からP町へ向かうときのグラ
フと同じかたむきになります。
(2)最初に出発してから25分のとき，A君はQ
町から，$4×\dfrac{25}{60}＝\dfrac{5}{3}$（km）の地点にいます。
このとき，C君はQ町から3kmの地点にいて
進み始めるので，2人が出会うのにかかる時
間は，$\left(3-\dfrac{5}{3}\right)÷(4+6)＝\dfrac{2}{15}$（時間）より，8
分です。したがって，最初に出発してから，
25＋8＝33（分後）にA君とC君は初めて出
会います。
C君がB君と4回目に出会うのは，(1)のグラ
フより，最初に出発してから1時間50分後
なので，求める時間は，
1時間50分－33分＝1時間17分（後）

5 点P，Qは2回目に出会うまでに合わせて，
30×3＝90（cm）進んでいます。
したがって，2点の速さの和は，
90÷30＝3（cm/秒）
よって，アの値は，30÷3＝10
グラフより，1つの点は18秒で折り返し地点
に着いていることがわかります。この点の進む
速さは，
$30÷18＝\dfrac{5}{3}$（cm/秒）
2点の速さの和は3cm/秒なので，もう1つの
点の進む速さは，
$3-\dfrac{5}{3}＝\dfrac{4}{3}$（cm/秒）
イは，この点が折り返し地点に着いたときの時
間なので，$30÷\dfrac{4}{3}＝22.5$

6 タイヤの円周は，0.25×2×3.14＝1.57（m）な
ので，1回転すると1.57m進みます。
時速70.65km＝分速1177.5mなので，タ
イヤの1分間の回転数は，
1177.5÷1.57＝750（回転）
歯車Dはタイヤと同じ回転数なので，毎分750

15

回転します。

歯車Bと歯車Cは同じ回転数で、

60×750÷30＝1500（回転／分）

よって、歯車Aの回転数は、

45×1500÷15＝4500（回転／分）

10 対称な図形

ステップ1　　　　44～45 ページ

❶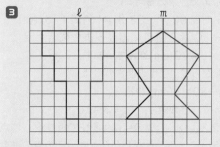

❷ (1)点B 点G 辺HI 辺ML

　(2)㋐ 70°　㋑ 1.5cm　㋒ 3cm　㋓ 75°

　　㋔ 2cm　㋕ 3cm

　(3)(例)・直線ILと ℓ は垂直に交わる。

　　　　・INの長さとLNの長さは等しい。

❸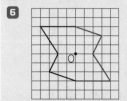

❹ イ，ウ，オ

❺ 点A 点D 辺BC 辺EF

❻

❼ (例)

解き方

❶ 【ここに注意】 対称の軸は1本とは限りません。

ステップ2　　　　46～47 ページ

❶ (1)正方形 4本　正五角形 5本

　　正六角形 6本

　(2)n 本

❷ (1)(例)　　　　(2)(例)

　

❸ 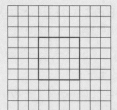 A B

❹ オ

❺ (1)ア，イ　(2)ウ，キ　(3)エ，オ，カ

❻ 72cm

解き方

❸ 下の図のようにして考えます。

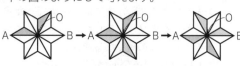

❹ ア⇒正方形，長方形，平行四辺形

　イ⇒正三角形，二等辺三角形　ウ⇒長方形

　エ⇒正三角形　オ⇒正方形　カ⇒正方形，長方形

❺ (2)ウ　　　キ

❻ 右の図のように、

点対称な図形を完

成させて、それぞ

れの長さを書きこ

んで考えます。

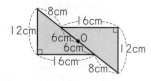

図形全体のまわりの長さは、（12＋16＋8）×2

＝72（cm）

11 図形の拡大と縮小

ステップ1 48~49 ページ

❶ (1)②と④　(2)①と③と⑤
　(3)（例）・対応する辺の長さの比はすべて
　　　　　　等しい。
　　　　　・対応する角の大きさはすべて等
　　　　　　しい。

❷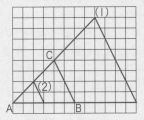

❸ (1)150m　(2)40cm

❹ (1)12cm　(2)60°　(3)$\frac{9}{4}$倍$\left(2\frac{1}{4}$倍$\right)$

📖 **解き方**

❶ 図を同じ向きにそろえて比べます。

❷ それぞれの辺の長さを，2倍や$\frac{1}{2}$にします。

❸ (1)3×5000＝15000(cm)より，150m
　(2)10km は 1000000cm なので，
　　1000000÷25000＝40(cm)

❹ (1)8×$\frac{3}{2}$＝12(cm)
　(2)角C＝角G＝105°より，
　　角B＝360°−(75°+120°+105°)＝60°
　(3)$\frac{3}{2}$×$\frac{3}{2}$＝$\frac{9}{4}$(倍)

> **ここに注意** もとの図形を□倍すると，拡大図の面積は，もとの図形の面積の□×□倍になります。

ステップ2 50~51 ページ

❶ (1) 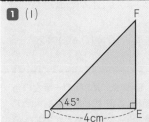　(2)9m60cm

❷ (1)3m　(2)1:2　(3)10m

❸ かなさんの縮図 4cm²
　実際の面積 0.25km²

❹ (1)三角形ABCと三角形DBAと三角形DAC
　(2)7.2cm　(3)25:9

❺ (1)1:3　(2)14cm

📖 **解き方**

❶ (1)8m は 800cm です。AB に対応する DE の長さは，$\frac{1}{200}$ の縮図なので 800÷200＝4(cm)になります。
　(2)(1)でかいた三角形 DEF の FE の長さをはかってみると 4cm なので，実際の長さは 4×200＝800(cm)，つまり 8m になります。けんごさんの目の高さは 1m60cm なので，校舎の高さは，8m+1m60cm＝9m60cm

❷ (1)棒 A のかげの長さは，右の図の OC の長さになります。三角形 OBD は三角形 OAC の 3 倍の拡大図なので，OC：OD＝1：3

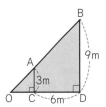

　CD＝OD−OC なので，OC：CD＝1：2
　したがって，OC：6＝1：2 より，OC＝3m
　(2)(1)より，OC：CD＝1：2
　(3)棒 A のかげの長さは，右の図の OC' の長さになります。三角形 OBD' は三角形 OAC' の 3 倍の拡大図なので，OC'：OD'＝1：3

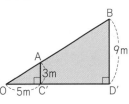

　よって，OD'＝5×3＝15(m)
　C'D'＝15−5＝10(m)

❸ かなさんの縮図はしょうさんの縮図の $\frac{1}{5}$ の縮図になっているので，かなさんの縮図では，
　100×$\frac{1}{5}$×$\frac{1}{5}$＝4(cm²)
　実際の面積は，
　100×5000×5000＝2500000000(cm²)より，250000m²＝0.25km²

❹ (2)三角形 ABC と三角形 DAC は拡大図・縮図の関係になっていて，BC：AC＝AC：DC なので，20：12＝12：DC，5：3＝12：DC
　よって，DC＝12×3÷5＝7.2(cm)
　(3)三角形 ABC と三角形 DAC の対応する辺の長

17

さの比は 5：3 なので，面積の比は，
(5×5)：(3×3)＝25：9

┌─────────────────────────────────┐
ここに注意　2 組の角がそれぞれ等しいと
き，三角形は拡大図・縮図の関係になります。
└─────────────────────────────────┘

5 (1)三角形 BEG と三角形 BAD は拡大図・縮図の
関係になっています。
BE：BA＝2：(2＋1)＝2：3 なので，BG：
BD＝2：3 より，BG：GD＝2：1
したがって，DG：DB＝1：(1＋2)＝1：3
三角形 DGF と三角形 DBC も拡大図・縮図の
関係になっているので，
GF：BC＝DG：DB＝1：3
(2)(1)より，EG：AD＝2：3 なので，
EG＝12×2÷3＝8(cm)
また，GF：BC＝1：3 なので，
GF＝18×1÷3＝6(cm)
EF＝EG＋GF＝8＋6＝14(cm)

12 円の面積

ステップ1　52～53 ページ

1 (1)50.24cm²　(2)113.04cm²
2 (1)14.13cm²　(2)75.36cm²
3 18.84cm²
4 みほさん(例)円の 1/4 のおうぎ形から直角
二等辺三角形をひいた部分
2 つ分と直角二等辺三角形 2
つ分の面積の和で求める。
ゆうやさん(例)円の右半分にある色のつ
いた部分を，左半分の色
のついていない部分に移
し，半円の面積として求
める。
5 (1)7.74cm²　(2)3.44cm²　(3)15.7cm²
(4)628cm²
6 まわりの長さ 25.12cm　面積 25.12cm²
7 まわりの長さ 31.4cm　面積 57cm²

解き方
1 (1)4×4×3.14＝50.24(cm²)
(2)半径は，12÷2＝6(cm)
よって，面積は，6×6×3.14＝113.04(cm²)
2 (1)3×3×3.14÷2＝14.13(cm²)

(2)12×12×3.14×$\frac{60}{360}$＝75.36(cm²)

┌─────────────────────────────────┐
ここに注意　半円やおうぎ形の面積は，円
の面積のどれだけにあたるかで求められます。
円の面積 ＝(半径)×(半径)×3.14
半円の面積 ＝(円の面積)÷2
おうぎ形の面積 ＝(円の面積)×$\frac{中心角}{360}$
└─────────────────────────────────┘

3 直径 10cm の半円の面積から，直径 4cm と直
径 6cm の半円の面積の和をひきます。よって，
5×5×3.14÷2－(2×2×3.14÷2＋3×3×3.14÷2)＝
{5×5－(2×2＋3×3)}×3.14÷2＝18.84(cm²)
5 (1)1 辺が 6cm の正方形の面積から，半径 3cm
の円の面積をひけばよいので，
6×6－3×3×3.14＝7.74(cm²)
(2)1 辺が 4cm の正方形の面積から，半径 4cm
で中心角 90° のおうぎ形の面積をひけばよい

ので，4×4－4×4×3.14×$\frac{90}{360}$＝3.44(cm²)

(3)3×3×3.14－2×2×3.14＝(3×3－2×2)
×3.14＝5×3.14＝15.7(cm²)
(4)半径 20cm の円の面積から，直径 20cm の半
円 4 つ分の面積をひけばよいので，
(20×20×3.14)－(10×10×3.14÷2×4)
＝628(cm²)
6 右の図で，㋐の部分と㋑
の部分をたすと，直径
4cm の円になるので，
㋐＋㋑＝4×3.14
＝12.56(cm)
㋒の部分の長さは，
4×2×3.14÷2＝12.56
(cm)

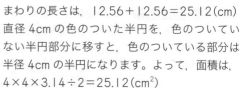

まわりの長さは，12.56＋12.56＝25.12(cm)
直径 4cm の色のついた半円を，色のついてい
ない半円部分に移すと，色のついている部分は
半径 4cm の半円になります。よって，面積は，
4×4×3.14÷2＝25.12(cm²)
7 まわりの長さは，
(10×2×3.14÷4)×2＝31.4(cm)
面積は，
(10×10×3.14÷4－10×10÷2)×2
＝57(cm²)

┌─────────────────────────────────┐
ここに注意　面積は，次の図の一番左の色
のついた図形の面積(半径 10cm で中心角 90°
のおうぎ形の面積から，底辺と高さが 10cm の
直角二等辺三角形の面積をひいたもの)を 2 倍

すれば求められます。

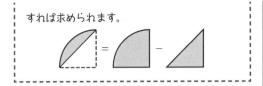

ステップ2 　　　　　　　54～55 ページ

❶ (1)82.08cm²　(2)72.96cm²　(3)16cm²
　(4)8cm²

❷ 39.87cm²

❸ 96cm²

❹ 12.56cm²

❺ 25.12cm²

❻ (1)4cm　(2)45.76cm²

❼ 25cm²

🖊 解き方

❶ (1)(6×6×3.14÷4−6×6÷2)×2×4
　　＝82.08(cm²)

(2)右の図のように考えると，半
　径16cmで中心角90°のお
　うぎ形の面積から，底辺と高
　さが16cmの直角二等辺三角
　形の面積をひけばよいことが
　わかります。よって，求める面積は，
　16×16×3.14×$\frac{90}{360}$−16×16÷2＝72.96
　(cm²)

(3)次の図のように考えると，底辺と高さが8cm
　の直角二等辺三角形の面積の半分を求めれば
　よいことがわかります。

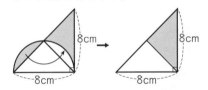

　よって，(8×8÷2)÷2＝16(cm²)

(4)右の図のように考える
　と，縦2cm，横4cm
　の長方形の面積を求
　めればよいことがわ
　かります。よって，
　2×4＝8(cm²)

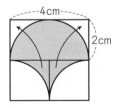

ここに注意▶ 上の図のように，ある部分を
他のところへ移動させると，簡単に面積を求め
ることができる場合があります。

❷ 三角形の3つの角の和は180°なので，色のつ
いていない3つのおうぎ形を組み合わせると，
半径3cmの半円になります。よって，
12×9÷2−3×3×3.14÷2＝39.87(cm²)

❸ 求める面積は底辺が12cm，高さが16cmの直
角三角形の面積と直径12cmの半円の面積と直
径16cmの半円の面積の和から直径20cmの半
円の面積をひいたものです。
よって，12×16÷2+6×6×3.14÷2+8×8
×3.14÷2−10×10×3.14÷2＝12×16÷2
＝96(cm²)

❹ ACの真ん中の点をEとすると，ECは4cmと
なります。次の図のように考えると，半径4cm
で中心角が90°のおうぎ形の面積を求めればよ
いことがわかります。よって，
4×4×3.14×$\frac{90}{360}$＝12.56(cm²)

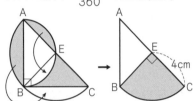

❺ 右の図のように考える
と，半径4cmで中心角
が60°のおうぎ形3つ
分，つまり半径4cmの
半円の面積を求めれば
よいことがわかります。
よって，
4×4×3.14÷2＝25.12(cm²)

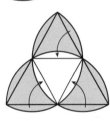

❻ (1)半径OE＝□cmとすると，四角形OEBFは
となりあう辺の長さが等しい長方形，すなわ
ち，正方形なので，AG＝AE＝12−□(cm)
CG＝CF＝16−□(cm)
AG+CG＝AC＝20(cm)より，
(12−□)+(16−□)＝20
よって，□＝4(cm)

(2)16×12÷2−4×4×3.14＝45.76(cm²)

❼ 円を180°回転させると
右の図のようになり，色
のついた三角形の面積は，
三角形ABCの面積の$\frac{1}{4}$
であるとわかります。
よって，
100÷4＝25(cm²)

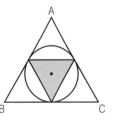

13 平面図形のいろいろな問題

ステップ1　56~57 ページ

❶ (1)右の図
(2)12cm²

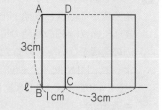

❷ (1)右の図

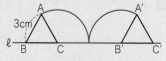

(2)12.56cm
(3)18.84cm²

❸ (1)三角形 ABF, 三角形 AEF, 三角形 FBE,
三角形 DBE
(2)1:2

❹ (1)15cm²　(2)(例)点 P が辺 CD 上にある
ときは, 底辺が辺 AB で高さが 8cm なの
で, 面積が変わらない。よって, 8秒後か
ら 13 秒後。

❺ (1)①キ　②ア　③エ　④カ　(2)12cm²
(3)22.5cm²

解き方

❶ (1)4 つの点をそれぞれ 3cm 移動させた点をとり,
直線で結びます。
(2)3×(1+3)＝12(cm²)

❷ (1)点 C, 点 B' をそれぞれ中心にして, 辺 AC,
辺 A'B' をそれぞれ半径とする円の一部をかき
ます。
(2)求めるものは, 直径 6cm で中心角 120° のお
うぎ形の曲線部分 2 つ分の長さなので,
$6×3.14×\frac{120}{360}×2＝12.56$(cm)
(3)求めるものは, 半径 3cm で中心角 120° のお
うぎ形 2 つ分の面積なので,
$3×3×3.14×\frac{120}{360}×2＝18.84$(cm²)

❸ (1)底辺が共通で高さが等しい三角形を順に見つ
けていきます。
三角形 ABF…辺 AB が共通で高さが等しい
三角形 AEF…三角形 ABF と辺 AF が共通で
高さが等しい
三角形 FBE, 三角形 DBE

…辺 BE が共通で高さが等しい
(2)三角形 ABE と三角形 DCE は, 底辺をそれぞ
れ辺 BE, 辺 CE とすると高さが等しいので,
底辺の長さの比が面積の比になります。よって,
BE:CE＝2:(6-2)＝1:2
より, 三角形 ABE：三角形 DCE＝1:2

❹ (1)5×6÷2＝15(cm²)
(2)点 P が点 C に着くのは 8 秒後, 点 D に着くのは,
8＋5＝13(秒後)

❺ (1)重なった部分の形は, 次のように変化してい
きます。

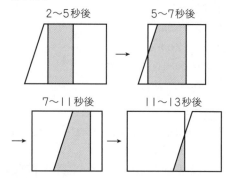

2~5秒後　5~7秒後
7~11秒後　11~13秒後

(2)上の図より, 2 つの図形が重なった部分は
4 秒後は縦 6cm, 横 2cm の長方形なので,
6×2＝12(cm²)
(3)上の図より, 6 秒後は五角形になります。
これは, 縦 6cm, 横 4cm の長方形から, 底
辺 1cm, 高さ 3cm の直角三角形をひいた形
なので, 6×4-1×3÷2＝22.5(cm²)

ステップ2　58~59 ページ

❶ (1)111.4cm　(2)1114cm²
❷ (1)1:2　(2)1:3　(3)18cm²
❸ 42.39cm²
❹ (1)右の図　(2)1099cm²
❺ (1)18秒後
(2)4秒後と14秒後
❻ (1)28.26cm²
(2)4.26cm²

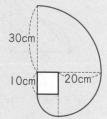

30cm
10cm　20cm

解き方

❶ (1)右の図のように円は
動きます。したがっ
て, 円の中心が動い
た長さは, 直線部分
が 20cm の 4 つ分,
曲線部分は半径 5cm
で中心角が 90° のお

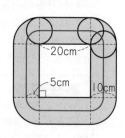

20cm
5cm
10cm

うぎ形の曲線部分4つ分なので，

$20×4+5×2×3.14×\dfrac{90}{360}×4=111.4$(cm)

(2)(1)の図の色のついた部分になります。よって，

$20×10×4+10×10×3.14×\dfrac{90}{360}×4$

$=1114$(cm²)

2 (1)三角形 ABE と三角形 ABC の底辺をそれぞれ辺 BE，辺 BC とすると，高さは同じなので，2つの三角形の面積の比は底辺の長さの比と等しくなります。よって，BE：BC＝1：2 より，三角形 ABE：三角形 ABC＝1：2

(2)三角形 DBE と三角形 ABE の底辺をそれぞれ辺 DB，辺 AB とすると，高さは同じなので，2つの三角形の面積の比は，DB：AB＝2：3 より，三角形 DBE：三角形 ABE＝2：3

三角形 ABE：三角形 ABC＝1：2＝3：6 より，三角形 DBE：三角形 ABE：三角形 ABC＝2：3：6

よって，

三角形 DBE：三角形 ABC＝2：6＝1：3

(3)四角形 ADEC＝三角形 ABC−三角形 DBE したがって，

四角形 ADEC：三角形 ABC

＝(3−1)：3＝2：3

よって，求める面積は，27×2÷3＝18(cm²)

3 求める部分は，半径 9cm で中心角 60°のおうぎ形と直径 9cm の半円を組み合わせた形から，直径 9cm の半円をひいた形です。つまり，半径 9cm，中心角 60°のおうぎ形と等しい面積になるので，$9×9×3.14×\dfrac{60}{360}=42.39$(cm²)

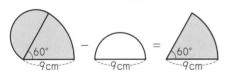

4 (2)糸が通った部分は，右の図の色のついた部分です。よって，求める面積は，

$30×30×3.14×\dfrac{90}{360}$

$+20×20×3.14×\dfrac{90}{360}$

$+10×10×3.14×\dfrac{90}{360}$

$=(900+400+100)×3.14×\dfrac{1}{4}$

$=1099$(cm²)

5 (1)5＋5＋8＝18(秒後)

(2)三角形 ABP の底辺を AB とすると，8×8÷4＝4 より，高さが 4cm のとき面積が 8cm² になります。高さが 4cm になるのは，点 P が辺 AD 上にあって AP＝4cm のときと，点 P が辺 CB 上にあって BP＝4cm のときの 2回です。AP＝4cm になるのは 4秒後，BP＝4cm になるのは 18秒後の 4秒前なので 14秒後です。

6 (1)$6×6×3.14×\dfrac{90}{360}=28.26$(cm²)

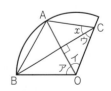

(2)右の図のウの部分を，色のついた部分アと色のついた部分イにそれぞれ加えた図形の面積の差は，アとイの面積の差と同じです。

ア＋ウ＝おうぎ形 ABE なので，28.26cm²

イ＋ウ＝直角三角形 BCD なので，8×6÷2＝24(cm²)

よって，求める差は，28.26−24＝4.26(cm²)

10～13

ステップ3

60～61 ページ

1 38°

2 14.13cm

3 (1)① 1.72cm² ② 9.57cm² (2)6.43cm²

4 94cm²

5 (1)秒速 3cm (2)$\dfrac{83}{3}$秒後

6 9倍

解き方

1 右の図で，直線 OA をひきます。OA と OB は円の半径なので等しく，AB は OB を折り返した辺なので等しい長さになっています。したがって，OA＝OB＝AB となるので，三角形 OAB は正三角形で，角アの大きさは 60°とわかります。角イの大きさは，112°−60°＝52°で，角ウは角 x に対応する角です。直線 BC は対称の軸なので OA に垂直です。よって，角 x＝角ウ＝180°−(90°＋52°)＝38°

21

2 ①の部分と②の部分にそれぞれ色のついていない部分を加えると，おうぎ形 AEF と長方形 ABCD になりますが，2 つの面積は等しいままです。おうぎ形 AEF の面積は，

$$12×12×3.14×\frac{90}{360}=113.04(cm^2)$$

よって，AB の長さは，

$$113.04÷8=14.13(cm)$$

3 (1)①それぞれの辺の長さが 2 倍になっているので，面積は，$2×2=4$(倍)になります。よって，$0.43×4=1.72(cm^2)$

②右の図のようになるので，色のついた部分は，

1 辺が 2cm の正三角形と半径 1cm で中心角 300°のおうぎ形 3 つを組み合わせた形になります。よって，求める面積は，

$$1.72+1×1×3.14×\frac{300}{360}×3=9.57(cm^2)$$

(2)右の図のようになるので，面積を求める図形は，1 辺が 2cm の色のついた正三角形と半径 1cm の半円 3 つを組み合わせた形になります。よって，求める面積は，
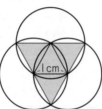

$$1.72+1×1×3.14÷2×3=6.43(cm^2)$$

ここに注意

(2)の図をかくと右の図のようになります。このまま 1 辺が 1cm の正三角形とまわりの形に分けて面積を求めようとする
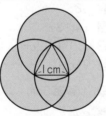
と，まわりの形が複雑になり求めにくくなります。(1)①を利用して，解き方の図のように色をつけると，図形の重なりがない形で表すことができるので，面積が求めやすくなります。

---

4 右の図で，三角形 ACF と三角形 ADE は拡大図・縮図の関係になっているので，
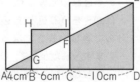
CF：DE＝AC：AD＝10：20＝1：2
したがって，CF＝10×1÷2＝5(cm)
FI＝6－5＝1(cm)
また，三角形 ABG と三角形 ACF も拡大図・縮

図の関係になっているので，
BG：CF＝AB：AC＝4：10＝2：5
したがって，BG＝5×2÷5＝2(cm)
GH＝6－2＝4(cm)
よって，求める面積は，
$4×2÷2+(1+4)×6÷2+(5+10)×10÷2$
$=94(cm^2)$

5 グラフと点 P の動きの関係は，右の図のようになっています。
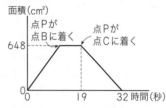

(1)点 P が点 C にあるとき，三角形 ADP は底辺が 36cm，高さが AB，面積が 648cm² より，
AB＝648×2÷36＝36(cm)
点 P は 19 秒で(36+21)cm 進んだので，
(36+21)÷19＝3(cm/秒)

(2)三角形 ADP の面積が 216cm² になるのは，高さが，216×2÷36＝12(cm)のときで，2 回目は点 P が右の図の点 F の位置にあるときです。三角形 DFG と三角形 DCE は拡大図・縮図の関係にあるので，
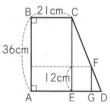
DF：DC＝FG：CE＝12：36＝1：3
DC の長さを進むのに点 P は(32－19)秒かかっているので，
DC＝3×(32－19)＝39(cm)
したがって，DF＝39×1÷3＝13(cm)
13cm を進むのにかかる時間は $\frac{13}{3}$ 秒なので，

点 P が点 F に着くのは点 D に着く $\frac{13}{3}$ 秒前です。

よって，$32-\frac{13}{3}=\frac{83}{3}$(秒後)

6 三角形 ACD と三角形 CDE は，底辺をそれぞれ辺 AC，辺 EC とすると高さが等しいので，面積の比は底辺の長さの比に等しく，AC：EC＝6：2＝3：1 より，
三角形 ACD：三角形 CDE＝3：1
また，三角形 ACD と三角形 ABC は，底辺をそれぞれ辺 DC，辺 BC とすると高さが等しいので，面積の比は，
DC：BC＝(6－4)：6＝1：3
よって，三角形 CDE：三角形 ACD＝1：3，

三角形 ACD：三角形 ABC＝１：３＝３：９ より，
三角形 CDE：三角形 ACD：三角形 ABC＝１：３：
９ なので９倍。

14 角柱と円柱の体積と表面積

ステップ 1　　　　　　　　62～63 ページ

1 (1)336cm² (2)565.2cm²
2 (1)400cm³ (2)1356.48cm³
3 ④のほうが 188.4cm³ 大きい
4 37.68cm³
5 体積 288cm³　表面積 296cm²
6 体積 1004.8cm³　表面積 703.36cm²
7 4019.2cm³

解き方

1 (1)6×8÷2×2＋(6＋8＋10)×12＝336
　　(cm²)
　(2)6×6×3.14×2＋6×2×3.14×9＝565.2
　　(cm²)

┌─ ここに注意 ──────────────────┐
│ 角柱や円柱の表　　　　　6cm　8cm
│ 面積は，
│ (底面積)×2＋(側　　6cm　10cm　8cm
│ 面積)で求めること
│ ができます。　　　　　　　　　　　　12cm
│ 側面積は，上の図のように展開図で考えると
│ (底面のまわりの長さ)×(高さ)
│ で求められることがわかります。
└──────────────────────────┘

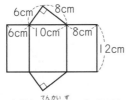

2 (1)40×10＝400(cm³)
　(2)12÷2＝6(cm)，
　　　6×6×3.14×12＝1356.48(cm³)
3 ⑦の体積…4×4×3.14×15＝753.6(cm³)
　④の体積…5×5×3.14×12＝942(cm³)
　したがって，④のほうが 942－753.6＝188.4
　(cm³)だけ体積が大きくなります。
4 底面の半径は，12.56÷3.14÷2＝2(cm)で，
　高さ 3cm の円柱の体積を求めればよいので，
　2×2×3.14×3＝37.68(cm³)
5 できる立体は，底面が上底 2cm，下底 10cm，
　高さ 6cm の台形で，高さが 8cm の四角柱なので，
　体積は，(2＋10)×6÷2×8＝288(cm³)
　表面積は，

(2＋10)×6÷2×2＋(10＋6＋2＋10)×8
＝296(cm²)

6 体積は，高さが 10cm で半径 6cm の円柱の体積
　から高さが 10cm で半径 2cm の円柱の体積をひ
　けばよいので，6×6×3.14×10－2×2×3.14
　×10＝1004.8(cm³)
　表面積は，半径 6cm の円から半径 2cm の円を
　除いた形２つ分の面積と，半径6cm で高さが10cm
　の円柱の側面積と，半径 2cm で高さが 10cm の
　円柱の側面積の合計になります。
　(6×6×3.14－2×2×3.14)×2＋6×2×3.14
　×10＋2×2×3.14×10＝703.36(cm²)

7 できる立体は右の図のような
　半径 8cm で高さが 20cm の円
　柱なので，
　8×8×3.14×20＝4019.2
　(cm³)

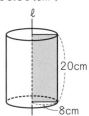

ステップ 2　　　　　　　　64～65 ページ

1 (1)525.6cm³ (2)942cm³
2 (1)10cm (2)600cm³
3 (1)12cm³ (2)14cm²
4 589.68cm³
5 体積 588cm³　表面積 520cm²
6 11366.8cm³

解き方

1 (1)底面積は直径 4cm の半円２つ分と，縦 4cm，
　　横 10cm の長方形の面積をたすと求められま
　　す。よって，
　　(2×2×3.14÷2×2＋4×10)×10＝525.6
　　(cm³)
　(2)この立体を２つ組み合わせ
　　ると，右の図のように，底
　　面の半径が 5cm で高さが
　　24cm の円柱になります。
　　よって，
　　5×5×3.14×24÷2
　　＝942(cm³)
2 (1)底面の円の面積は，942÷12＝78.5(cm²)
　　円の面積は(半径)×(半径)×3.14 で求められ
　　るので，(半径)×(半径)は
　　78.5÷3.14＝25＝5×5 となります。
　　よって，半径は 5cm となるので，直径は 10cm
　(2)正四角柱の対角線の長さは，円の直径と等し
　　いので10cm です。よって，正四角柱の体積は，

$(10×10÷2)×12=600(cm^3)$

3 切断してできた2つの立体は，右の図のようになります。

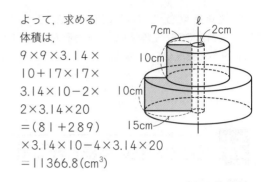

(1) それぞれ手前の台形の面を底面とすると，上の立体の体積は，
$(2+4)×4÷2×3$
$=36(cm^3)$
下の立体の体積は，
$(3+5)×4÷2×3=48(cm^3)$
よって，差は，$48-36=12(cm^3)$

(2) 切断したときの切り口の面と，もとの直方体の上下にある縦3cm，横4cmの長方形の面は，2つの立体のどちらにもある面なので，表面積の差には関係ありません。
2つの立体について，その他の面の面積を求めると，上の立体は，
$(2+4)×4÷2×2+4×3+2×3=42(cm^2)$
下の立体は，
$(3+5)×4÷2×2+3×3+5×3=56(cm^2)$
よって，差は，$56-42=14(cm^2)$

> **ここに注意** 2つの立体の表面積を求めようとすると，切り口の面の面積の求め方を学習していないので求められません。上の解き方のように，2つの立体に共通していない面の面積だけを求めるように工夫します。

4 下の直方体の体積は，
$9.3×8.4×6.5=507.78(cm^3)$
上の三角柱の体積は，
$(9.3-4.8)×(8.4-3.2)÷2×(13.5-6.5)$
$=81.9(cm^3)$
よって，$507.78+81.9=589.68(cm^3)$

5 大きな直方体の下側にある小さな直方体を，上側の小さな直方体の上に移動させても体積は変わらないので，立体の体積は，
$6×10×8+3×3×(20-8)=588(cm^3)$
表面積は，大きな直方体の表面積に上下の小さな直方体の側面積の分だけ加えればよいので，
$(6×10+8×10+6×8)×2+3×(20-8)×4=520(cm^2)$

6 できる立体は，次の図のような半径が9cmで高さが10cmの円柱と，半径が17cmで高さが10cmの円柱を組み合わせた形から，半径が2cmで高さが20cmの円柱をくりぬいた形になります。

よって，求める体積は，
$9×9×3.14×10+17×17×3.14×10-2×2×3.14×20$
$=(81+289)×3.14×10-4×3.14×20$
$=11366.8(cm^3)$

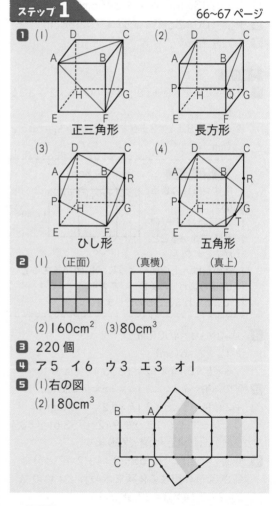

15 立体のいろいろな問題

ステップ1 66~67ページ

1 (1) 正三角形 (2) 長方形
(3) ひし形 (4) 五角形

2 (1) （正面）（真横）（真上）
(2) 160cm² (3) 80cm³

3 220個

4 ア5 イ6 ウ3 エ3 オ1

5 (1) 右の図
(2) 180cm³

解き方

1 次のきまりにしたがって，順に線をひいていきます。
① 同じ面にある2点を直線で結ぶ。

②①と向かいあう面にある直線は①と平行になる。

(1)点Aと点Cは同じ面にあるので直線ACをひきます。同様に、直線AFと直線CFをひきます。

(2)点Cと点Qは同じ面にあるので直線CQをひきます。直線CQは面BCGF上にあり、これと向かいあう面ADHE上に点Pがあるので、点Pから直線CQに平行な直線PDをひきます。そして、点Dと点C、点Pと点Qをそれぞれ直線で結びます。

(3)直線DPをひきます。次に、点Fから直線DPに平行な直線FRをひきます。点Dと点R、点Pと点Fをそれぞれ直線で結びます。4つの直線はすべて長さが等しいので、切り口の形はひし形になります。

(4)直線DPをひきます。これと向かいあう面には点Tがあるので、点Tから直線DPに平行な直線をひくと、右の図のように、点Rと点Gの真ん中の点Mを通ります。同様に、直線DMをひき、向かいあう面にある点Pから直線DMに平行な直線をひきます。この直線が辺EFと交わる点Nと点Tを結ぶと、切り口の形は五角形になります。

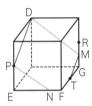

2 (2)正面と真後ろ、右横と左横、真上と真下の方向から見ると、それぞれ同じ形で裏返しに見えます。したがって、正面と真後ろからは正方形が7面ずつ、右横と左横からは5面ずつ、真上と真下からは7面ずつ見えます。正面から見たとき、上の図で色のついた2面はどこからも見えないので、この2面も加えて、表面に見える正方形は、

(7+5+7)×2+2＝40(面)

正方形1面の面積は、2×2＝4(cm²)なので、表面積は、

4×40＝160(cm²)

(3)積み木1個の体積は、2×2×2＝8(cm³)

全部で10個あるので、8×10＝80(cm³)

3 上から順に1段目、2段目…とすると、それぞれの段のブロックの個数は、次の表のようになります。

段(段目)	1	2	3	4	5	6	7	8	9	10
個数(個)	1	3	6	10	15	21	28	36	45	55

+2 +3 +4 …

よって、

1+3+6+10+15+21+28+36+45+55＝220(個)

4 この立体の底面になる面と、他の立方体と接している面には、色がぬられていません。

ア…下の面だけ色がぬられていません。

イ…2面に色がぬられていない(4面に色がぬられている)のは、右の図で赤色のついた6個です。

ウ…3面に色がぬられているのは、上の図で灰色のついた3個です。

エ…4面に色がぬられていない(2面に色がぬられている)のは、右の図で赤色のついた3個です。

オ…1面だけに色がぬられているのは、上の図で灰色のついた6個です。

立方体は全部で20個なので、まったく色がぬられていないのは、

20－(1+6+3+3+6)＝1(個)

5 (2)下の図で、三角形ABRと三角形TPRと三角形SQRは、拡大図・縮図の関係になっています。

AB:TP＝BR:PR

＝3:2

したがって、

TP＝9×2÷3＝6(cm)

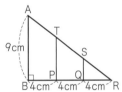

AB:SQ＝BR:QR＝3:1

したがって、SQ＝9×1÷3＝3(cm)

求める立体は、底面が台形PQSTで高さが10cmの四角柱なので、体積は、

(3+6)×4÷2×10＝180(cm³)

ステップ2　68~69ページ

1 体積866.64cm³　表面積609.16cm²

2 116m³

3 ①8　②18　③12

4 15個

5 (1)7通り

(2)(例)立方体の1辺の長さを2とする。

2つの立体から合同な面を除くと、大きいほうの立体は、台形の面が2つと正方形の面が1つなので、その面積は、

(1+2)×2÷2×2+2×2＝10

小さいほうの立体は、直角三角形の面が

2つなので, その面積は, 1×2÷2×2=2

差は, 10−2=8

もとの立方体の表面積は, 2×2×6=24

より, ア＝$\frac{8}{24}$＝$\frac{1}{3}$

大きいほうの立体の体積は,

(1+2)×2÷2×2=6

小さいほうの立体の体積は,

1×2÷2×2=2

差は, 6−2=4　もとの立方体の体積は,

2×2×2=8より, イ＝$\frac{4}{8}$＝$\frac{1}{2}$

6 (1)40個　(2)62個　(3)30個

解き方

1 半径が4cmで高さが5cmの円柱と, 半径が7cm
で高さが4cmの円柱を組み合わせた立体です。
よって, 体積は,
4×4×3.14×5+7×7×3.14×4=866.64
(cm³)
表面積は, 半径が7cmの円2つ分の面積と2
つの円柱の側面積をたせばよいので,
7×7×3.14×2+8×3.14×5+14×3.14×
4=609.16(cm²)

2 立体を下から見ると, 右の
図のようになります。した
がって, 取り除いた部分の
体積は, (1×5+2×1×2)
×1=9(m³)
よって, 求める体積は,
5×5×5−9=116(m³)

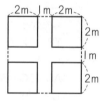

2m 1m 2m
2m
1m
2m

3 右の図のように切り取り
ます。

4 右の図のように, アの向きか
ら見たとき左から順にA, B,
C列とし, イの向きから見た
とき左から順に①, ②, ③,
④列とします。

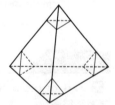

A
B
C
① ② ③ ④

(図2)より, B列のどこかが2段になっています。
また, (図3)より, ③列のどこかが2段になっ
ているので, B列と③列が交わる部分(上の図の
赤色の部分)が2段になればよいとわかります。
同様に, C列と②列が交わる部分(上の図の灰色

の部分)が3段になればよく, その他の部分は(図
1)よりすべて1段になっていればよいので, 求
める個数は,
2+3+1×10=15(個)

5 (1)辺ABが等しい2辺のうちの1辺になる場合
→点Pが, 頂点C, D, E, Fにあるときの4
通り。
辺ABが長さの異なる辺になる場合→点Pが,
辺CDの真ん中, 辺EFの真ん中, 辺GHの
真ん中にあるときの3通り。
よって, 4+3=7(通り)

6 (1)直方体の辺の位置にある立方体のうち, 頂点
の位置にある8個を除いたものです。したがっ
て, 横の辺に3個ずつ, 縦の辺に2個ずつ,
高さの辺に5個ずつあり, それぞれの辺が4
本ずつあるので,
(3+2+5)×4=40(個)

(2)直方体の表面にある立方体のうち, 辺の位置
にある立方体以外になります。よって,
(2×3+5×3+5×2)×2=62(個)

(3)すべての立方体から, (1), (2), 直方体の頂点
の8個を除いたものです。よって,
5×4×7−(40+62+8)=30(個)

16 容積・水量の変化とグラフ

ステップ1　　　　　　70~71 ページ

1 (1)120cm³　(2)3cm

2 (1)11.5cm　(2)10cm

3 (1)

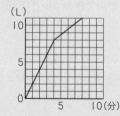

(L)
10

5

0　　　5　　　10(分)

(2)4分間

4 (1)①ウ　②イ　③ア

(2)仕切りの高さ

(3)(例)水が入る部分の底面積が, ①の部
分では小さいため水面の上がり方が速
く, ③の部分では大きいため水面の上
がり方がおそくなるから。

5 20分後

解き方

1 (1)容器の内のりは，縦4cm，横5cm
よって，4×5×6＝120(cm³)
(2)120÷(8×5)＝3(cm)

2 (1)直方体のおもりの体積は，
10×15×8＝1200(cm³)
水そうの底面積は，
20×40＝800(cm²)
よって，水面は，1200÷800＝1.5(cm)上がるので，10＋1.5＝11.5(cm)
(2)立方体の体積は深さ1.25cm分の水の体積に等しいので，
20×40×1.25＝1000(cm³)
10×10×10＝1000より，立方体の1辺の長さは10cm

3 (2)じゃ口Aとじゃ口Bの両方を使うと，1分間あたりに入る水の量は，2＋0.75＝2.75(L)
よって，満水になるのにかかる時間は，
11÷2.75＝4(分間)

4 ┌─────────────────────┐
ここに注意 水面が速く上昇するときは直線のかたむきは急になり，ゆっくり上昇するときはゆるやかになります。
└─────────────────────┘

5 120－36＝84(L)の水をぬくのに14分かかっているので，1分あたりにぬく水の量は，
84÷14＝6(L)
よって，120÷6＝20(分)かかります。

ステップ2 72~73ページ

1 (1)5.46L (2)7cm
2 (1)A管2000cm³ B管1500cm³
(2)14cm
3 (1)10 (2)15分後
4 (1)6 (2)16cm (3)20.8cm
(4)18分30秒

解き方

1 (1)内のりの部分を正面から見ると，右の図のようになります。このとき，三角形ADEは直角二等辺三角形なので，
DE＝DA＝14cm
したがって，AB＝DC＝20－14＝6(cm)

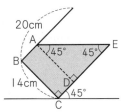

台形ABCEの面積は，
(6＋20)×14÷2＝182(cm²)
容器内の水の入っている部分は，台形ABCEを底面とする高さ30cmの四角柱なので，体積は，182×30＝5460(cm³)より，5.46L
(2)5460÷780＝7(cm)

2 (1)A管を開いて7分間に入る水の量は，
35×50×8＝14000(cm³)なので，1分間に入る水の量は，14000÷7＝2000(cm³)
A管とB管を開いて16分間に入る水の量は，
35×50×(40－8)＝56000(cm³)なので，1分間に入る水の量は，56000÷16＝3500(cm³)
よって，B管が1分間に入れる水の量は，
3500－2000＝1500(cm³)
(2)10－7＝3(分間)は，2つの管を開いて水を入れるので，この間に，
3500×3÷(35×50)＝6(cm)深くなります。
よって，8＋6＝14(cm)

3 (1)ジュースの減り方が変化するのは，ドリンクサーバーの底面積が変わるときです。このときの高さは，25－15＝10(cm)
(2)1分間に出るジュースの量は，
(30×40×15)÷10＝1800(cm³)
ドリンクサーバーいっぱいのジュースの量は，
30×40×15＋30×30×10＝27000(cm³)
よって，27000÷1800＝15(分後)

4 (1)グラフから，4分で仕切り板の左側の水が板の高さである8cmの深さになり，(ア)の時点で板の右側の水も深さ8cmになったことがわかります。つまり，(ア)の時点では，水そうの底面のうち仕切り板の分を除いた部分に高さ8cmのところまで水が入っているので，水の体積は，
10×(25－1)×8＝1920(cm³)
毎分320cm³の割合で水を入れるので，求める時間は，1920÷320＝6(分)
(2)4分間に入る水の量は，
320×4＝1280(cm³)
これが深さ8cmになるので，板の左側の底面積は，1280÷8＝160(cm²)
よって，(イ)の長さは，
160÷10＝16(cm)
(3)(1)より，6分後からは仕切りはないものと考えられます。
16－6＝10(分間)に入る水の量は，
320×10＝3200(cm³)なので，水面の高さは，
3200÷(10×25)＝12.8(cm)上がります。

よって，8＋12.8＝20.8(cm)

(4)水そうの板より上の部分の体積は，

10×25×(24－8)＝4000(cm³)

この量の水を入れるのにかかる時間は，

4000÷320＝12.5(分)

よって，6＋12.5＝18.5(分)より18分30秒。

■1 体積816.4cm³ 表面積816.4cm²

■2 (1)304cm² (2)240cm³

■3 (1)40 個 (2)210 個 (3)4 個

■4 72cm³

■5 12.8cm

■6 (1)毎分 50L (2)84 (3)16.5 分

解き方

■1 できる立体は，右の図のように，半径6cmで高さ10cmの円柱から，半径4cmで高さ7cmの円柱をくりぬいたところに，半径2cmで高さが7＋6－10＝3(cm)の円柱を組み合わせた形になります。

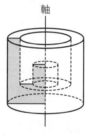

したがって，体積は，

6×6×3.14×10－4×4×3.14×7＋2×2×3.14×3

＝816.4(cm³)

また，底面積は，6×6×3.14＝113.04(cm²)

側面積は，大きな円柱の側面積とくりぬいた円柱の側面積と内側の小さな円柱の側面積の和になるので，

6×2×3.14×10＋4×2×3.14×7＋2×2×3.14×3

＝590.32(cm²)

よって，表面積は，

113.04×2＋590.32＝816.4(cm²)

■2 (1)2 つの立体が接している面を除いた面積を考えます。

三角柱の面積は，

4×4×2＋4×4÷2＝40(cm²)

大きい立体の面積は，

8×8×3＋(8×8－4×4)×2＋(8×8－4×4÷2)

＝344(cm²)

よって，差は，344－40＝304(cm²)

(2)切り口は，右の図のようになります。求める体積は，大きい立体の体積の半分なので，

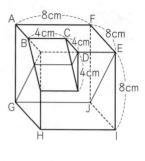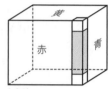

(8×8×8－4×4÷2×4)÷2

＝240(cm³)

■3 赤色と青色だけがぬられた積み木は，右の図で色のついた部分のように，赤色の面と青色の面に共通な辺にあたる積み木のうち，直方体の頂点にあたる積み木を除いたものです。直方体には同じ長さの辺が4本ずつあるので，赤色と青色だけがぬられた積み木は1つの辺に，16÷4＝4(個)あります。両はしに1個ずつ頂点の積み木があるので，この辺には，4＋2＝6(個)の積み木があることがわかります。

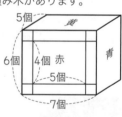

同じように，青色の面と黄色の面に共通な辺には，

12÷4＋2＝5(個)，

黄色の面と赤色の面に共通な辺には，

20÷4＋2＝7(個)の積み木があります。

(1)右の図より，1 つの赤色の面に，

4×5＝20(個)あります。赤色の面は2面あるので，

20×2＝40(個)

(2)5×7×6＝210(個)

(3)赤色だけぬられた積み木は1つの面に，

72÷2＝36(個)あります。

2 つの数をかけて 36 になるのは，(1，36)，(2，18)，(3，12)，(4，9)，(6，6)の 5 組です。

例えば，(1，36)の場合，赤色だけぬられた積み木が縦に1個，横に36個あるので，赤色の面は縦に(1＋2)個，横に(36＋2)個あることになりますが，横の38は210の約数でないため，直方体を作ることができません。

同じようにすると，直方体が作れるのは，(3，12)の組だけで，このとき赤色の面には5個と14個の辺があります。したがって，

青色の面と黄色の面に共通な辺の積み木の数
は，210÷(5×14)=3(個)
両はしは頂点にあたるので，青色と黄色だけ
がぬられた積み木は1辺に(3−2)個あります。
よって，(3−2)×4=4(個)

4 容器に入っている水の体積は，
8×8×6=384(cm³)
おもりを容器に入れたとき，水が入る部分の容
積は，
(8×8−5×5)×8=312(cm³)
よって，384−312=72(cm³)

5 右の図で，直角二
等辺三角形EAB
は対角線の長さが
8cmの正方形の半
分なので，面積は，
8×8÷2÷2=16(cm²)

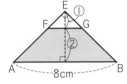

三角形EFGと三角形EABは拡大図・縮図の関
係にあります。

水面の高さは容器の高さの$\frac{2}{3}$なので，長さの比
は1：3です。
したがって，面積の比は，
(1×1)：(3×3)=1：9
したがって，四角形ABGFの面積は三角形EAB
の$\frac{9−1}{9}=\frac{8}{9}$にあたるので，
$16×\frac{8}{9}=\frac{128}{9}$(cm²)

水の体積は，$\frac{128}{9}×27=384$(cm³)

移しかえる容器の底面積は，5×6=30(cm²)
なので，求める深さは，384÷30=12.8(cm)

6 (1)(図2)より，水そうの高さは120cmである
ことがわかります。
容積が600L=600000cm³なので，底面積
は600000÷120=5000(cm²)
6時から6時3分までの3分間で水面は
60−30=30(cm)低くなり，このとき管B
だけが開いています。よって，1分間に出され
る水の量は，5000×30÷3=50000(cm³)
より50L

(2)6時3分から6時6分までの3分間は管A
だけが開いています。管Aが1分間あたりに
入れる水の量を，$50×\frac{9}{5}=90$(L)
この3分間で，90×3=270(L)より，
270000cm³の水が入ります。したがって，

水面は30cmから
270000÷5000=54(cm)高くなります。
よって，30+54=84(cm)

(3)満水になって水面の高さが120cmから30cm
まで下がるときは管Bだけが開いており，(1)
より，このとき1分間に30÷3=10(cm)水
面は低くなります。
よって，120−30=90(cm)低くなるのに，
90÷10=9(分)かかります。……⑦
(図2)より，水面の高さが30cmから84cm
になるのに3分かかります。……⑦
管A，Bの両方が開くと1分間あたり，
90−50=40(L)の水が入るので，水面の高
さが84cmから満水の120cmになるのに，
(120−84)×5000÷40000=4.5(分)かか
ります。……⑨
よって，⑦，⑦，⑨より，満水になってから
次に満水になるのに9+3+4.5=16.5(分)
かかることがわかります。

17 倍数算

ステップ1　76~77ページ

1 ア りょうた　イ 9　ウ 8
エ 200×9=1800　オ 1800
カ 200×6=1200　キ 1200
2 1120円
3 270cm
4 1100円
5 3：1
6 1600円
7 姉2700円　妹1800円
8 216人

解き方

1 ┌─────────────────────────┐
ここに注意 けんたさんだけがお金を使っ
たので，りょうたさんの所持金は変わりません。
└─────────────────────────┘

2 やすひろ君の所持金ははじめと変わっていない
ので，やすひろ君の所持金の比をそろえます。

	ひろし	やすひろ	ひろし	やすひろ
はじめ			9 ：	4
あと	3 ：	2 ＝	6 ：	4

ひろし君の所持金の比の差 9－6＝3 が 840 円にあたるので，やすひろ君の所持金は，
840÷3×4＝1120(円)

3 白いリボンの長さは変わりません。

	赤	白		赤	白
前	9	：	4	＝ 27 ：	12
あと	5	：	3	＝ 20 ：	12

赤いリボンの比の差 27－20＝7 が 70cm にあたるので，赤いリボンの使う前の長さは，
70÷7×27＝270(cm)

4 2人とも同じ金額を使ったので，2人の所持金の差ははじめと変わりません。

	A	B		A	B
はじめ	1 ：	2	＝ 11 ：	22
	差1		差11
あと			4 ：	15
			差11

2人の所持金の比の差をそろえると，Aさんのはじめの所持金は⑪円，あとの所持金は④円と表せます。
⑪－④＝⑦が 700 円にあたるので，
①＝700÷7＝100(円)
よって，Aさんのはじめの所持金は，
100×11＝1100(円)

> **ここに注意** 2人が同じ金額ずつ使っているので，はじめとあとで2人の所持金の差が変わらないことから，2人の比の差をそろえます。

5 2人が同じ金額ずつもらっても，2人の所持金の差ははじめと変わらないので，2人の所持金の比の差をそろえます。

	兄	弟		兄	弟
はじめ			7 ：	3
			差4
あと	2 ：	1	＝ 8 ：	4
	差1		差4

兄の比の差 8－7＝1 が 400 円にあたるので，
兄のはじめの所持金は，400×7＝2800(円)
弟のはじめの所持金は，400×3＝1200(円)
実際には 400 円ずつもらったので，2人の所持金の比は，
(2800－400)：(1200－400)＝3：1

6 2人の所持金の差は変わっていないので，2人の比の差 3－2＝1 が所持金の差
3500－2600＝900(円)にあたります。
したがって，ようこさんの残金は，
900×3＝2700(円)

ようこさんが出した金額は，
3500－2700＝800(円)
よって，プレゼントの値段は，
800×2＝1600(円)

7 2人の所持金の合計ははじめと変わらないので，2人の比の和をそろえます。
姉と妹のはじめの所持金をそれぞれ③円，②円とすると，2人の所持金の和は⑤円となります。姉が妹に 450 円あげても2人の所持金の和は変わらず，2人の所持金は等しくなるので，それぞれ⑤÷2＝②.5円持っていることになります。
比の差③－②.5＝⓪.5 が 450 円にあたるので，
①＝450÷0.5＝900(円)
よって，2人のはじめの所持金は，
姉…900×3＝2700(円)
妹…900×2＝1800(円)

8 学年の人数に変化はないので，2つの比の和をそろえます。

	水族館	動物園		水族館	動物園
はじめ	4 ：	5	＝ 16 ：	20
	和9		和36
1週間後	7 ：	5	＝ 21 ：	15
	和12		和36

学年の人数を㊱人，はじめ動物園を希望していた人を⑳人とすると，1週間後には⑮人になっており，比の差⑳－⑮＝⑤が 30 人にあたります。
よって，①＝30÷5＝6(人)なので，学年の人数は，
6×36＝216(人)

ステップ2 78～79 ページ

1 3840 円
2 12%
3 50 円
4 400円
5 (1)2500円　(2)50円　(3)600円
6 700円
7 9000円

解き方
1 比の和をそろえます。

	姉	妹		姉	妹
最初	4 :	1	=	16 :	4
	和5			和20	
あと	3 :	1	=	15 :	5
	和4			和20	

姉の所持金の比の差 16-15=1 が 240 円にあたるので, 最初の姉の所持金は,

240×16=3840(円)

2 比の和をそろえます。

	畑	花だん		畑	花だん
はじめ	5 :	1	=	25 :	5
	和6			和30	
あと	11 :	4	=	22 :	8
	和15			和30	

はじめの畑の面積を ㉕ とすると, 花だんに変えた部分の面積は, ㉕-㉒=③ なので,

③÷㉕=$\frac{3}{25}$ より, $\frac{3}{25}$×100=12(%)

3 比の差をそろえます。

	ノート	えん筆		ノート	えん筆
定 価				34 :	9
				差25	
セール	6 :	1	=	30 :	5
	差5			差25	

ノート1冊の値段の比の差 34-30=4 が 20 円にあたるので, 比の1は, 20÷4=5(円)
したがって, セール中のノート1冊の値段は,
5×30=150(円)
えん筆1本の値段は,
5×5=25(円)
よって,
1000-(150×5+25×8)=50(円)

4 3人でやりとりをしても3人の所持金の合計は変わりません。
Aさん, Bさん, Cさんのはじめの所持金をそれぞれ①円, ⑤円, ⑥円とすると, 3人の合計は, ①+⑤+⑥=⑫(円)
Cさんは所持金の $\frac{1}{6}$ をBさんにあげるので, Cさんの所持金は⑥-⑥×$\frac{1}{6}$=⑤(円)になります。3人の合計は⑫円で, やりとりの後, AさんとBさんの所持金は等しくなるので, 2人の所持金はそれぞれ,
(⑫-⑤)÷2=③.5(円)
Aさんの比の差③.5-①=②.5がBさんからもらった1000円にあたるので,

①=1000÷2.5=400(円)

5 (1)比の和をそろえます。

	サ	カ	ア		サ	カ	ア
最初	10 :	5 :	3	=	50 :	25 :	15
		和18				和90	
あと	7 :	4 :	4	=	42 :	24 :	24
		和15				和90	

サクラさんの比の差 50-42=8 が 400 円にあたるので, 比の差1は,
400÷8=50(円)
よって, サクラさんの最初の所持金は,
50×50=2500(円)

(2)カエデさんの比の差は, 25-24=1 なので, (1)より, 50 円です。

(3)(1)より, やりとりの後のサクラさんの所持金は, 50×42=2100(円), カエデさんの所持金は, 50×24=1200(円)です。
祖母から同じ金額をもらったので, 所持金の差 2100-1200=900(円)は変わらず, これが2人の比の差 3-2=1 にあたります。
したがって, お金をもらった後のサクラさんの所持金は, 900×3=2700(円)
よって, 2700-2100=600(円)

> **ここに注意** (3)カエデさんとアオイさんの所持金の割合は等しいので, どちらか1人とサクラさんとの割合の差から考えます。

6 BさんがAさんに 300 円わたした後のAさんとBさんの所持金をそれぞれ⑩, ①とおいて, 次の線分図をかいて考えます。

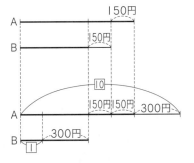

線分図より,
⑩-①=300+150+150+300=900 となるので, ⑨=900 より, ①=100(円)
Bさんの所持金は,
①+300=100+300=400(円)なので, Aさんの所持金は, 400+150+150=700(円)

7 弟がもらったお年玉を①, お年玉をもらった後の兄と弟の所持金をそれぞれ⑦, ④とおいて,

31

次の線分図をかいて考えます。

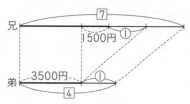

線分図より，
$\boxed{7}-\boxed{4}=1500+\boxed{1}$ より，$\boxed{3}=1500+\boxed{1}$
式全体を 2 倍すると，$\boxed{6}=3000+\boxed{2}$
兄の所持金は，$\boxed{7}=5000+\boxed{2}$ なので，この式
と比べると，$\boxed{1}=2000$ とわかります。
したがって，兄の所持金は，
$2000 \times 7 = 14000$（円）なので，お年玉は，
$14000 - 5000 = 9000$（円）

ここに注意 比例式では外項の積と内項の
積が等しいことを利用して解くこともできます。
外項の積と内項の積
$$a:b=c:d \rightleftarrows a \times d = b \times c$$
お年玉をもらった後の 2 人の所持金から，
$(5000+\boxed{2}):(3500+\boxed{1})=7:4$
外項の積と内項の積が等しいので，
$(5000+\boxed{2}) \times 4 = (3500+\boxed{1}) \times 7$
$20000+\boxed{8}=24500+\boxed{7}$ より，$\boxed{1}=4500$
よって，兄がもらったお年玉は，
$4500 \times 2 = 9000$（円）

---

18 仕事算

ステップ **1**　　　　　80〜81 ページ

1 〈ひかるさん〉ア $\dfrac{1}{10}$　イ $\dfrac{1}{6}$

ウ（例）$1 \div \dfrac{1}{6}=6$ より，6 日で終える。

〈ちひろさん〉エ 30　オ 3
カ（例）2 人でする 1 日の仕事量は，
　　　$2+3=5$
　　　$30 \div 5 = 6$ より，6 日で終える。

2 5 分

3 5 分 20 秒

4 10 人

5 (1)3：2　(2)4 日

6 18 日

解き方

2 そうじの全体量を 10 と 16 の最小公倍数 80 と
おきます。兄は 1 分あたり $80 \div 10 = 8$ の量の
そうじをして，弟は $80 \div 16 = 5$ の量のそうじ
をします。弟が 8 分間に $5 \times 8 = 40$ の量のそう
じをするので，兄は残り $80 - 40 = 40$ の量のそ
うじをすればよいことになります。よって，兄
がそうじを終えるのに，$40 \div 8 = 5$（分）かかりま
す。

3 仕事の全体量を 12 と 16 と 24 の最小公倍数
48 とおきます。A さん，B さん，C さんは 1 分
あたりにそれぞれ，$48 \div 12 = 4$，$48 \div 16 = 3$，
$48 \div 24 = 2$ の仕事をします。
3 人では 1 分あたりに，$4+3+2=9$ の仕事が
できるので，$48 \div 9 = 5\dfrac{1}{3}$（分），つまり 5 分 20
秒で仕事を終えることができます。

4 1 人が 1 日あたりにする仕事の量を $\boxed{1}$ とおくと，
仕事の全体量は，$\boxed{1} \times 4 \times 43 = \boxed{172}$ となります。
はじめに，$\boxed{1} \times 6 \times 18 = \boxed{108}$ の仕事をしたので，
残っている仕事量は，$\boxed{172}-\boxed{108}=\boxed{64}$
これを 4 日で終わらせるには $\boxed{64} \div 4 = \boxed{16}$，
$\boxed{16} \div \boxed{1}=16$ より，16 人必要なので，あと 10 人
増やす必要があります。

5 (1)仕事の全体量を $\boxed{1}$ とおきます。機械 A 3 台で
　　1 日にする仕事量は，$\boxed{1} \div 8 = \boxed{\dfrac{1}{8}}$ なので，A
　　1 台が 1 日にする仕事量は，
　　$\boxed{\dfrac{1}{8}} \div 3 = \boxed{\dfrac{1}{24}}$
　　同じように，機械 B 1 台が 1 日にする仕事量は，
　　$\boxed{\dfrac{1}{9}} \div 4 = \boxed{\dfrac{1}{36}}$
　　よって，求める仕事量の比は，
　　$\boxed{\dfrac{1}{24}} : \boxed{\dfrac{1}{36}} = 36 : 24 = 3 : 2$

(2)機械 A 4 台が 1 日にする仕事量は，$\boxed{\dfrac{1}{24}} \times 4 = \boxed{\dfrac{1}{6}}$
　　機械 B 3 台が 1 日にする仕事量は，$\boxed{\dfrac{1}{36}} \times 3 = \boxed{\dfrac{1}{12}}$
　　したがって，機械 A 4 台と機械 B 3 台が 1 日に
　　する仕事量は，$\boxed{\dfrac{1}{6}} + \boxed{\dfrac{1}{12}} = \boxed{\dfrac{1}{4}}$ なので，$\boxed{1} \div \boxed{\dfrac{1}{4}}$
　　$=4$ より，4 日で終えることができます。

6 工事の全体量を $\boxed{1}$ とおきます。4 日間で $\boxed{\dfrac{2}{5}}$ を終
　　えたので，1 日あたりに

$\dfrac{2}{5} \div 4 = \dfrac{1}{10}$ の工事をしたことになります。

もとの $\dfrac{1}{3}$ の人数で工事をすると，1日あたりの工事量は，$\dfrac{1}{10} \times \dfrac{1}{3} = \dfrac{1}{30}$ となります。

残っている工事量は $1 - \dfrac{2}{5} = \dfrac{3}{5}$ なので，

あと $\dfrac{3}{5} \div \dfrac{1}{30} = 18$（日）かかります。

7 1人が1日にする仕事量を $\boxed{1}$ とおくと，仕事の全体量は，$\boxed{1} \times 8 \times 31 = \boxed{248}$ となります。
縦の長さを人数とし，横の長さを日数として，次のような面積図をかいて考えます。

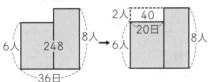

もし8人全員で36日間仕事をしたとすると，$\boxed{1} \times 8 \times 36 = \boxed{288}$ の仕事をしたことになります。
実際の仕事量は $\boxed{248}$ なので，その差は $\boxed{288} - \boxed{248} = \boxed{40}$ となります。よって，6人で仕事をしたのは，$\boxed{40} \div (8-6) \div \boxed{1} = 20$ より，20日だとわかります。したがって，8人で仕事をしたのは，$36 - 20 = 16$（日間）

┌─────────────────────────────┐
ここに注意 縦 × 横 ＝ 面積であり，人数 × 日数 ＝ 仕事量となるので，面積が仕事量を表します。
└─────────────────────────────┘

ステップ2　　　82～83 ページ

1 4 時間

2 (1)48分　(2)2分15秒

3 姉6日間　妹4日間　弟6日間

4 15日

5 15分

6 (1)45分間　(2)15分間　(3)12分間

解き方

1 弟が1時間あたりにする草取りの量を $\boxed{1}$ とすると，兄が1時間あたりにする草取りの量は $\boxed{3}$ になります。兄弟2人では2時間あたりに，$(\boxed{1} + \boxed{3}) \times 2 = \boxed{8}$ の草取りができるので，$\boxed{8}$ が $3200m^2$ にあたります。よって，$\boxed{1}$ は $400m^2$ にあたります。兄は2時間で，$400 \times 3 \times 2 = 2400$（$m^2$）の土地の草取りをして，

残りの $4000 - 2400 = 1600$（m^2）の土地の草取りを弟が1人ですることになります。
よって，$1600 \div 400 = 4$（時間）かかります。

2 (1)大きい管が1分あたりに入れる水の量を $\boxed{1}$ とすると，満水のときの水の量は $\boxed{1} \times 4 \times 9 = \boxed{36}$
大きい管3本と小さい管2本を使うとき，大きい管3本で8分間水を入れると，$\boxed{1} \times 3 \times 8 = \boxed{24}$ になるので，残りの $\boxed{36} - \boxed{24} = \boxed{12}$ の水を小さい管2本で8分間に入れたことになります。したがって，小さい管は1分間に，$\boxed{12} \div 2 \div 8 = \boxed{0.75}$ の水を入れています。
よって，$\boxed{36} \div \boxed{0.75} = 48$（分）

(2)大きい管10本と小さい管8本を使うと，1分あたりに，$\boxed{1} \times 10 + \boxed{0.75} \times 8 = \boxed{16}$ の水を入れることができます。満水になるのに $\boxed{36} \div \boxed{16} = \dfrac{9}{4} = 2\dfrac{1}{4}$（分）かかるので2分15秒となります。

3 全体の仕事量を12，24，18の最小公倍数の72とすると，妹は1日あたりに3の仕事をして，姉と弟は2人で1日あたり $6 + 4 = 10$ の仕事をします。姉と弟は同じ日数だけ働いているので，姉と弟の働いた日数の和は2以上の偶数になります。3人が働いた日数の和は偶数の16なので，妹の働いた日数も2以上の偶数になります。

・妹の働いた日数が2のとき
姉と弟が働いた日数は，それぞれ $(16-2) \div 2 = 7$（日）
3人の仕事量の和は，$3 \times 2 + 10 \times 7 = 76$ となります。仕事の全体量は72なので，これは条件に合わず不適切です。

・妹の働いた日数が4のとき
姉と弟が働いた日数は，それぞれ $(16-4) \div 2 = 6$（日）
3人の仕事量の和は，$3 \times 4 + 10 \times 6 = 72$ となり，仕事の全体量と一致します。
妹の働いた日数が6から14の偶数のとき，いずれも条件に合わないため不適切です。よって，姉が6日間，妹が4日間，弟が6日間仕事をしたことになります。

┌─────────────────────────────┐
ここに注意 同じ整数をたすと必ず偶数になるので，姉と弟が働いた日数の和は偶数になります。偶数から偶数をひくと，その差も偶数になるので，妹の働いた日数も偶数になります。
└─────────────────────────────┘

4 作業全体の量を $\boxed{1}$ とすると，一郎君が1日に

する作業の量は $\frac{1}{30}$ です。二郎君と 2 人でする

ときの一郎君が 1 日にする作業の量は，

$\frac{1}{30} \times 1.2 = \frac{1}{25}$ となります。

2 人で 1 日にする作業の量は $\frac{1}{15}$ なので，この

ときの二郎君が 1 日にする作業の量は，

$\frac{1}{15} - \frac{1}{25} = \frac{2}{75}$　これは二郎君 1 人のときの

0.4 倍なので，二郎君が 1 人で 1 日にする作業

の量は，$\frac{2}{75} \div 0.4 = \frac{1}{15}$

よって，$\boxed{1} \div \frac{1}{15} = 15$（日）かかります。

5 水そういっぱいの水の量を $\boxed{1}$ とすると，1 分間
に入れられる水の量は，

$A+B=\frac{1}{6}$，$B+C=\frac{1}{10}$，$A+C=\frac{1}{7.5}=\frac{2}{15}$

これらをすべて加えると，

$A+B+B+C+A+C=\frac{1}{6}+\frac{1}{10}+\frac{2}{15}$

$(A+B+C)\times 2=\frac{2}{5}$

より，3 つのじゃ口を使ったときに 1 分間に入

れられる水の量の 2 倍が $\frac{2}{5}$ なので，3 つのじゃ

口で 1 分間に入れられる水の量は $\frac{1}{5}$ です。

$A+C=\frac{2}{15}$ なので，$B=\frac{1}{5}-\frac{2}{15}=\frac{1}{15}$

よって，$\boxed{1} \div \frac{1}{15} = 15$（分）かかります。

6 水そうが満水のときの水の量を $\boxed{1}$ とします。
(1) 1 分間に入れられる水の量は，A だけのとき

は $\frac{1}{30}$，A と B の両方使うときは $\frac{1}{18}$ なので，

B だけのときは，$\frac{1}{18} - \frac{1}{30} = \frac{1}{45}$

よって，$\boxed{1} \div \frac{1}{45} = 45$（分間）かかります。

(2) A だけで 20 分間に入れられる水の量は，

$\frac{1}{30} \times 20 = \frac{20}{30} = \frac{2}{3}$ なので，残りの $\boxed{1} - \frac{2}{3}$

$= \frac{1}{3}$ は B を使って入れたことになります。

よって，$\frac{1}{3} \div \frac{1}{45} = 15$（分間）使いました。

(3) A だけで水そうの $\frac{2}{3}$ まで水を入れるのにかか

る時間は，$\frac{2}{3} \div \frac{1}{30} = 20$（分間）

したがって，B を使った時間は，$25-20=5$
（分間）なので，2 つの管で 25 分間に入れた

水の量は，$\frac{1}{30} \times 25 + \frac{1}{45} \times 5 = \frac{17}{18}$

残りの $\boxed{1} - \frac{17}{18} = \frac{1}{18}$ は，C を 2 分間使って

入れたので，C だけで 1 分間に入れられる水

の量は，$\frac{1}{18} \div 2 = \frac{1}{36}$

よって，はじめから 3 つの管を使うと，

$\boxed{1} \div \left(\frac{1}{18} + \frac{1}{36} \right) = 12$（分間）かかります。

19 ニュートン算

ステップ1　　　　84〜85 ページ

1 30 分
2 5 分
3 (1) 5 枚　(2) 6 分
4 (1) 16 人　(2) 7200 人
5 (1) 7 人　(2) 22 分　(3) 10 か所

解き方

1 入り口 1 つが 1 分あたりに入れる人数を $\boxed{1}$ と
して，次の線分図をかきます。

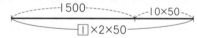

上の線分図より，

$\boxed{1} \times 2 \times 50 = 1500 + 10 \times 50$

$\boxed{100} = 2000$ より，$\boxed{1} = 20$（人）

入り口を 3 つ使うと ① 分で列がなくなるとして，
次の線分図をかきます。

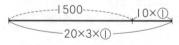

上の線分図より，$20 \times 3 \times ① - 10 \times ① = 1500$

$⑤⓪ = 1500$ より，$① = 30$（分）

2 窓口 1 つが 1 分あたりに対応できる人数を $\boxed{1}$
とおいて，次の線分図をかきます。

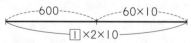

上の線分図より，$\boxed{1} \times 2 \times 10 = 600 + 60 \times 10$

$\boxed{20} = 1200$ より，$\boxed{1} = 60$（人）

窓口を 3 つにすると ① 分で行列がなくなると

して，次の線分図をかきます。

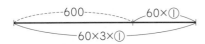

上の線分図より，60×3×①－60×①＝600

⑫⓪＝600 より，①＝5(分)

3 (1) 毎分①人ずつ行列に加わり，1つの売り場で1分間に①枚ずつチケットを売ることができるとして，次の線分図をかきます。

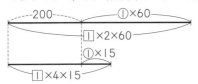

①×2×60－①×4×15＝①×60－①×15

60＝45となるので，①＝$\frac{4}{3}$

①×4×15－①×15＝200 となるので，

60－20＝200 より，40＝200 となり，

①＝5(枚)

(2) ①＝$\frac{4}{3}$×5＝$\frac{20}{3}$(人)

売り場を8つに増やすと△分で行列がなくなるとして，次の線分図をかきます。

上の線分図より，5×8×△－$\frac{20}{3}$×△＝200

よって，△＝6(分)

4 (1) 1つの窓口が1分間に受け付ける人数を①として，次の線分図をかきます。

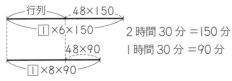

2時間30分＝150分
1時間30分＝90分

上の線分図より，

①×6×150－①×8×90＝48×(150－90)

180＝2880 より，①＝16(人)

(2)(1)より，16×8×90－48×90＝7200(人)

5 (1) 窓口1つが1分間に受け付けのできる人数を①として，次の線分図をかきます。

上の線分図より，

①×3×50＝550＋10×50

150＝1050 より，①＝7(人)

(2) 1分間に受け付けできる人数は，

7×5＝35(人)で，このうち10人は開始時刻以

降に新しく順番待ちをする人の受け付けをすると考えます。

開始時刻以前に待っていた人数は550人で，1分間に(35－10)人ずつ受け付けできるので，

550÷(35－10)＝22(分)

(3) 10分で受け付けるとすると，

(550＋10×10)÷10＝65 より，1分間に65人受け付ける必要があります。よって，65÷7＝9余り2より，最低10か所必要になります。

ステップ2 86〜87 ページ

1 (1)5　(2)35 日

2 3頭

3 (1)15人　(2)80 人

4 (1)20ぱい分　(2)20日間　(3)6日間

5 (1)毎分8人　(2)毎分4人　(3)15分

解き方

1 (1) 1日に生える草の量を①として，次の線分図をかきます。

もともと生えていた草の量は同じなので，

①×28－①×14＝1×10×28－1×15×14

より，14＝70 となるので，①＝5

(2) ①＝5 より，もともと生えていた草の量は，

1×10×28－5×28＝140

9頭で草を食べつくすのに①日かかるとして，次の線分図をかきます。

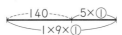

1×9×①－5×①＝140 より，④＝140

よって，①＝35(日)

2 牛1頭が1日に食べる量を1，1日に生える草の量を①として，次の線分図をかきます。

上の線分図より，

1×9×16－1×15×8＝①×16－①×8

8＝24 となるので，①＝3

牛1頭が1日に食べる量が1で，1日に生える

草の量が 3 です。よって，牧場の草を食べつく
さないようにするには，3 頭までの牛を放すこ
とができます。

3 (1) I か所の受け付け場所で 5 分ごとに ① 人ず
つ受け付けができるとして，次の線分図をか
きます。

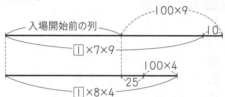

$$□ \times 7 \times 9 + 10 - □ \times 8 \times 4 = 100 \times 9 - (25 + 100 \times 4)$$ より，

③□ + 10 = 475 となるので，□ = 15（人）

(2) □ × 8 × 4 − 100 × 4 = 480 − 400 = 80（人）

4 (1) あいこさんは I 日にバケツ $\frac{7}{3}$ はい分の草ぬき

ができ，グラウンドの草は I 日にバケツ $\frac{3}{2}$ ば

い分生えます。あいこさんが I 人で草ぬきを
すると 24 日間で草ぬきができるので，次の
線分図がかけます。

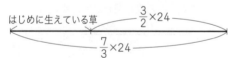

はじめに生えている草の量は，

$\frac{7}{3} \times 24 - \frac{3}{2} \times 24 = 20$ となります。よって，

バケツ 20 ぱい分になります。

(2) のぞむさんは，I 日にバケツ $\frac{5}{2}$ はい分の草ぬ

きができます。このうち，$\frac{3}{2}$ ばい分は新しく

生えてくる分をぬき，残りの $\frac{5}{2} - \frac{3}{2} = 1$（ぱい

分）は，はじめに生えている草をぬくと考えま
す。よって，20 ÷ 1 = 20（日間）

(3) あいこさんとのぞむさんの 2 人では I 日あた

りバケツ $\frac{7}{3} + \frac{5}{2} = \frac{29}{6}$（はい分）の草ぬきがで
きます。(2) と同じように考えると，

$$20 \div \left(\frac{29}{6} - \frac{3}{2} \right) = 6（日間）$$

5 (1) 毎分 □ 人が行列に加わり，入場口 I つあた
り毎分 ① 人が通過するとして，次の線分図を
かきます。

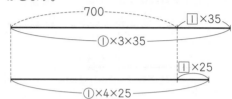

□ × 35 − □ × 25 = ① × 3 × 35 − ① × 4 × 25

⑩ = ⑤より，① = ②

① × 4 × 25 − □ × 25 = 700 なので，

② × 4 × 25 − □ × 25 = 700

□ = 4（人），① = ②より，① = 4 × 2 = 8（人）

(2) (1)より，4 人

(3) 29 分間では 700 + 4 × 29 = 816（人）の人が
入場口を通過しています。入場口 3 つでは毎
分 24 人が通過するので，3 つの入場口で 29
分間受け付けをすると，3 × 8 × 29 = 696（人）
が通過します。よって，816 − 696 = 120（人）
が残り I つの入場口を通過したので，入場口
を 4 つにしていた時間は，120 ÷ 8 = 15（分）

17～19
ステップ3　　　　　　　88～89 ページ

1 2700 円

2 42 個

3 (1) 624 羽　(2) A さん，8 時間 6 分後

4 (1) 3 : 2　(2) 39 分　(3) 14 台

5 (1) 25t　(2) 90t　(3) 77t

解き方

1 B さんと C さんの所持金の比が，5 : 4 のとき
と 7 : 6 になったときの差はともに I で，A さ
んから同じ額のお金をもらっているので所持金
の差も一定です。したがって，C さんが買い物
をした後の B さんと C さんの所持金をそれぞ
れ ⑤ 円，④ 円とすると，A さんからお金をも
らった後の所持金はそれぞれ ⑦ 円，⑥ 円で，
A さんは 2 人に，⑦ − ⑤ = ⑥ − ④ = ②（円）ず

つわたしたとわかります。

これらから 3 人の金額のやりとりを表にまとめると、次のようになります。

	A さん	B さん	C さん
はじめ	⑨	⑤	⑦
C さんが買い物	⑨	⑤	④
A さんがお金をわたす	⑤	⑦	⑥

（900円）

上の表から、C さんが買い物に使った 900 円は、⑦－④＝③にあたるので、①は、
900÷3＝300（円）より、A さんのはじめの所持金は、300×9＝2700（円）

ここに注意 C さんが買い物をした後の 3 人の所持金が、⑨円、⑤円、④円とわかれば、C さん以外ははじめと変わっていないので、A さんと B さんのはじめの所持金はそれぞれ⑨円、⑤円とわかります。A さんと C さんのはじめの所持金の比は 9：7 なので、A さんが⑨円であれば C さんは⑦円になります。

2 最初にふくろの中に入っていた赤玉を⑦個、白玉を⑬個とすると、
$(⑦＋3)：(⑬＋2)＝9：16$ と表せます。
比例式では、内項の積と外項の積が等しいので、
$(⑬＋2)×9＝(⑦＋3)×16$
⑰＋18＝⑫＋48 より、⑰－⑫＝48－18
⑤＝30 より、①＝6
よって、最初のふくろの中に入っていた赤玉は、
$6×7＝42$（個）

ここに注意 ⑰＋18＝⑫＋48 は、次のような線分図をかくと、⑤＝30 になることがわかります。

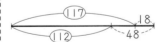

上の線分図より、⑰－⑫＝⑤が、48－18＝30 にあたるとわかります。

3 (1)A さん、B さん、C さんは 1 分間あたりにそれぞれ、5÷10＝0.5（羽）、
8÷10＝0.8（羽）、11÷10＝1.1（羽）ずつ折ります。3 人合わせると 1 分間あたりに、
0.5＋0.8＋1.1＝2.4（羽）ずつ折ります。4 時間 20 分では、2.4×（60×4＋20）＝624（羽）折ります。

(2)残りは、1000－624＝376（羽）となります。A さん、B さん、C さん、…の順に交代で 1 人 50 分ずつ休んでいる間に、B さんと C さん、C さんと A さん、A さんと B さん、…の順に

2 人が 50 分ずつ折っています。それぞれ
（0.8＋1.1）×50＝95（羽）、
（1.1＋0.5）×50＝80（羽）、
（0.5＋0.8）×50＝65（羽）ずつ折ります。
376－（95＋80＋65＋95）＝41（羽）より、
3 人が 1 回ずつ休み、A さんがさらに 1 回休んだ後、つまり、50×3＋50×1＝200（分後）に残っているのが 41 羽となります。これから B さんが休んで A さんと C さんの 2 人が折ることになります。2 人は B さんが休んでから 20 分後に、（0.5＋1.1）×20＝32（羽）折っているので、残りは 41－32＝9（羽）となります。さらに 5 分後に A さんは 0.5×5＝2.5（羽）折り、C さんは 1.1×5＝5.5（羽）折っています。
9－（2.5＋5.5）＝1 より、2 人があと 0.5 羽ずつ折れば千羽づるが完成します。C さんのほうが速いので、残りの 0.5 羽を先に完成させます。最後に A さんが残りの 0.5 羽を 1 分かけて完成させます。よって、千羽づるが完成するのに 4 時間 20 分から
200＋20＋5＋1＝226（分）かかるので、合計 8 時間 6 分かかります。

4 (1)1 分間に、水道から入る水の量を①、1 台のポンプがくみ出す水の量を⌷として、次の線分図をかきます。

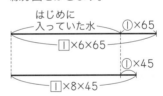

線分図より、
①×65－①×45＝⌷×6×65－⌷×8×45
よって、①×20＝⌷×390－⌷×360
①×20＝⌷×30 より、①：⌷＝30：20＝3：2

(2)(1)より、⌷＝①×$\frac{2}{3}$なので、はじめに水そうに入っていた水の量は、
⌷×8×45－①×45
＝①×$\frac{2}{3}$×8×45－①×45
＝⑲⑤

9 台のポンプで 1 分間にくみ出す水の量は、
⑨＝①×$\frac{2}{3}$×9＝⑥で、このうち①は水道から入る水をくみ出すと考えると、水そうを空にするのにかかる時間は、
⑲⑤÷（⑥－①）＝39（分）

(3) はじめに入っていた水と水道から 25 分間に入る水を合わせた量は，

$$\text{⑲⑤}+①×25=\text{㉒⓪}$$

1 台のポンプが 25 分間にくみ出す水の量は，

$$□×25=①×\frac{2}{3}×25=\frac{50}{3}なので，$$

$$\text{㉒⓪}÷\frac{50}{3}=13.2 より，14 台必要です。$$

> **ここに注意** (1)比例式では，外項の積と内項の積が等しいことを利用します。
>
> $①×20=□×30 \rightleftarrows ①:□=30:20=3:2$
> 　外項の積　内項の積

5 (1)ふだんの 1 日あたりの水の流入量を □ t，はじめの計画の 1 日あたりの放水量を ① t として，次の線分図をかきます。

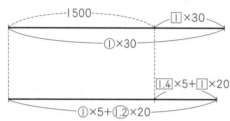

$□×30-(\text{1.4}×5+□×20)=①×30-(①×5+\text{1.2}×20)より，①=\text{③}$

$①×30-□×30=1500 となるので，\text{⑨⓪}-\text{③⓪}=1500 より，□=25(t)$

(2)(1)より，$①=25×3=75(t)$

6 日目以降の 1 日あたりの放水量は 1.2 より，

$$75×1.2=90(t)$$

(3)30 日間に放水する水の量は，

$$1500+1.4×25×5+25×25=2300(t)$$

はじめの 5 日間の放水量は $75×5=375(t)$

残りを 25 日間で放水すればよいので，

$$(2300-375)÷25=77(t)$$

20 規則性などの問題

ステップ 1 90〜91 ページ

1 （例）ド，レ，ミ，ファ，ソ，ラ，シ，ド，シ，ラ，ソ，ファ，ミ，レの 14 個のくり返しなので，

80÷14＝5 余り 10 より，10 番目のラ。

答え　ラ

---

2 (1)① $\dfrac{1}{625}$　② $\dfrac{1}{650}$

(2)ア 2　イ 3　ウ 3　エ 4　(3) $\dfrac{10}{11}$

3 C さん 6 年女子　E さん 6 年男子

4 29 本

5 (1)土曜日　(2)日曜日

解き方

2 (1)① $\dfrac{1}{1×1}・\dfrac{1}{2×2}・\dfrac{1}{3×3}・$ …となっているので，

$$\frac{1}{25×25}=\frac{1}{625}$$

② $\dfrac{1}{1×2}・\dfrac{1}{2×3}・\dfrac{1}{3×4}$ …となっているので，

$$\frac{1}{25×26}=\frac{1}{650}$$

(2) $\dfrac{1}{6}=\dfrac{1}{2×3}=\dfrac{1}{2}-\dfrac{1}{3}・\dfrac{1}{12}=\dfrac{1}{3×4}=\dfrac{1}{3}-\dfrac{1}{4}$

(3) $\dfrac{1}{2}+\dfrac{1}{6}+\dfrac{1}{12}+\dfrac{1}{20}+\dfrac{1}{30}+\dfrac{1}{42}+\dfrac{1}{56}+\dfrac{1}{72}$

$+\dfrac{1}{90}+\dfrac{1}{110}=\left(\dfrac{1}{1}-\dfrac{1}{2}\right)+\left(\dfrac{1}{2}-\dfrac{1}{3}\right)+\left(\dfrac{1}{3}-\dfrac{1}{4}\right)$

$+\left(\dfrac{1}{4}-\dfrac{1}{5}\right)+…+\left(\dfrac{1}{10}-\dfrac{1}{11}\right)=1-\dfrac{1}{11}=\dfrac{10}{11}$

3 それぞれの学年について

・B さんの発言から，B さんは 5 年，C さんは 6 年

・このことと C さんと D さんの発言から，A さんと D さんは 5 年，E さんは 6 年

ここまでを表にまとめると次のようになります。

5 年	6 年
A，B，D	C，E

それぞれの性別について

・D さんの発言から，A さんは女子

・C さんの発言から，B さんと D さんは男子

・B さんの発言から，C さんは女子

・A さんの発言から，E さんは男子

よって，C さんは 6 年女子，E さんは 6 年男子です。

> **ここに注意** 学年と性別を 2 つまとめて考えるのは難しいので，それぞれを分けて考えます。発言からわかることを 1 つずつ確認しながら整理しましょう。

4 20÷3＝6 余り 2 より，最初に買った分の空きビンで 6 本もらえ，空きビンが 2 本残ります。

6÷3＝2 より，もらった 6 本分の空きビンで 2 本もらえます。

2 回目にもらった 2 本分の空きビンと，最初

に買った分の残りの空きビンが 2 本あるので，
(2＋2)÷3＝1 余り 1 より，さらに 1 本もらえ，
空きビンが 1 本残ります。
以上のことより，合計で，
20＋6＋2＋1＝29(本)飲めます。

5 (1)10 月 7 日から数えて 10 月 31 日は，
31－7＝24(日後)なので，11 月 24 日は，
24＋24＝48(日後)
48÷7＝6 余り 6 より，48 日後は 6 週間と 6
日後です。したがって，日曜日の 6 日後なので，
土曜日になります。

(2)2019 年はうるう年ではないので，2018 年 11
月 24 日から 365 日後が 2019 年 11 月 24 日
となります。
365÷7＝52 余り 1 より，土曜日から 1 日後の
日曜日だとわかります。

┌─────────────────────────────┐
│ ▶ここに注意◀ 1 年後(365 日後)の同じ日は，
│ 曜日を 1 つ先に進めます。うるう年のときは
│ 366 日後になるので，曜日を 2 つ先に進めます。
└─────────────────────────────┘

ステップ2　　　　　　　92〜93 ページ

1 (1)60 番目　(2)56 個　(3)190 番目
2 (1)6 段目の左から5番目　(2)100
　(3)3458
3 C4　E2
4 A さん 3 位　B さん 1 位　C さん 2 位
5 (1)日曜日　(2)土曜日
6 8月26日

解き方

1 (1)次のようにグループに分けて考えます。
　①｜■■｜②③④｜■■■■｜⑤⑥⑦⑧⑨｜■…
・奇数グループには数字が並び，偶数グルー
　プには■が並びます。
・それぞれのグループに並ぶ個数は，1 個，2
　個，3 個，4 個…
第 1 グループの最後の数が①，第 3 グループ
では④，第 5 グループでは⑨ …と，そ
れぞれの奇数グループの最後に並ぶ数は，
1＝1×1，4＝2×2，…のように同じ数を 2 回
かけ合わせたものになっています。したがっ
て，第 9 グループは 5 つ目の奇数グループな
ので，最後の数は，5×5 より㉕になります。
第 11 グループは㉖，㉗，㉘，㉙，
㉚，…となるので，㉚は第 11 グループの
前から 5 番目になります。第 10 グループまでに，

1＋2＋3＋…＋10＝(1＋10)×10÷2＝55
(個)並んでいるので，㉚は 55＋5＝60(番目)

(2)第 11 グループは 6 つ目の奇数グループなの
で，最後の数は，6×6 より㊱，第 13 グルー
プは 7 つ目の奇数グループなので，7×7 よ
り㊾になります。したがって，㊿は第 15
グループの最初の数なので，■の総数は，第 2，
4，6，8，10，12，14 グループに並んでいる
■の数の和になります。よって，
2＋4＋6＋8＋10＋12＋14＝56(個)

(3)第 19 グループは 10 番目の奇数グループな
ので，最後の数は，10×10 より⑩⑩になり
ます。よって，先頭から数えると，
1＋2＋3＋……＋17＋18＋19
＝(1＋19)×19÷2＝190(番目)

┌─────────────────────────────┐
│ ▶ここに注意◀ 奇数グループの最後の数を求
│ めるとき，いくつ目の奇数グループになるかは，
│ 次の式で計算します。
│ (グループの数 ＋1)÷2
│ (例)第 19 グループの場合
│ 　(19＋1)÷2＝10(番目)
└─────────────────────────────┘

2 (1)□段目の右はしにある数は，2×□×□と
なっています。したがって，5 段目の右はし
にある数は，2×5×5＝50 となります。
6 段目は 52，54，56，58，60，…，72
と並ぶので，60 は 6 段目の左から 5 番目に
なります。

(2)7 段目の右はしにある数は，2×7×7＝98
なので，8 段目の左はしにある数は 100

(3)9 段目の右はしにある数は，2×9×9＝162
なので，10 段目の左はしにある数は 164
となります。10 段目の右はしにある数は，
2×10×10＝200 なので，求める和は，
164＋166＋168＋…＋200
並んでいる数字の個数は，
(200－164)÷2＋1＝19(個)なので，
(164＋200)×19÷2＝3458

3 百の位の計算より，E は A＋A＋D でくり上がっ
た数です。A＋A＋D は最大で 8＋8＋6＝22 な
ので，E は 1 か 2 になりますが，選ぶ数字の中に
1 はないので 2 に決まります。
次に，A＋A＋D＝2□ となるような A は 6 か 8 で
すが，A が 6 の場合，D が 8 で十の位からのくり上
がりをたしても 22 とはならない(B＋C＋C は大きく
ても 0＋4＋4＝8 です)ので，A は 8 に決まります。
D に 0 は入らないので，0 は B か C になります。
C が 0 の場合，一の位の計算から，0＋0＋B＝8

となり，AとBがともに8になってしまうので，Bが0だとわかります。

したがって，C+C+0＝8より，Cは4，残りのDが6と決まります。

ここに注意 わかりやすいところから順に決めていき，筆算に書きこんで考えます。

(E=2)	(A=8)	(B=0)
A B C	8 B C	8 0 C
A C C →	8 C C →	8 C C
+ D C B	+ D C B	+ D C 0
2 2 A A	2 2 8 8	2 2 8 8

---

4 場合分けをして，条件に合うものを見つけます。

・Aさんがうそをついている場合
→Bさん，Cさんは本当のことを言っているので，Cさんは2位，Bさんは1位か3位，Aさんは2位か3位です。以上より，1位はBさん，2位はCさん，3位はAさんで条件に合います。

・Bさんがうそをついている場合
→AさんとCさんの話しから，1位はAさん，2位はCさん，3位はBさんとなるので，Bさんも本当のことを言っていることになり条件に合いません。

・Cさんがうそをついている場合
→AさんとBさんの話しから，1位はAさん，2位はCさん，3位はBさんとなるので，Cさんも本当のことを言っていることになり条件に合いません。

5 (1) 1年先の同じ日で，2011年はうるう年ではないので曜日を1つ先に進めます。よって，日曜日。

(2) 2012年8月14日は2012年がうるう年なので，曜日を2つ先に進めて火曜日になります。その2年後の2014年8月14日は木曜日で，ここから2014年12月14日までに，
31＋30＋31＋30＝122(日)あるので，
2014年12月20日までには，
122＋6＝128(日)あります。
128÷7＝18余り2より，木曜日の2日後なので土曜日になります。

6 7月1日から7月23日までの23日間で，
2×23＝46(ページ)解きました。
7月1日，8日，15日，22日，29日が金曜日なので，7月31日は日曜日。
よって，8月7日，14日，21日，28日が日曜日になります。

8月5日から9月1日までは，
31−5＋1＋1＝28(日)あり，そのうち4日間が日曜日なので，日曜日以外は，
28−4＝24(日間)です。
したがって，計算ドリルは全部で，
46＋2×24＋5×4＝114(ページ)
はじめの計画では，114÷2＝57(日後)に終わる予定だったので，57−31＝26より，8月26日に終わる予定でした。

---

21 割合や比についての文章題

ステップ 1　　　　　　　　　94~95 ページ

1 240円

2 44人

3 240人

4 (1) 22000円　(2) 11：21

5 2000

6 (1) 0.5 倍

(2) (例) A，B，Cの速さの比は，
2：0.8：1＝10：4：5
枚数もこの割合にすればよいので，

Aは，$1500×\dfrac{10}{19}=789.4…$より

約790枚

Bは，$1500×\dfrac{4}{19}=315.7…$より

約310枚

Cは，$1500×\dfrac{5}{19}=394.7…$より

約400枚

7 1032人

解き方

1 1800円を兄と弟で11：4に分けると，兄の所持金は，$1800×\dfrac{11}{15}=1320$(円)となります。
兄と弟の所持金の和は変わらないので，兄が弟にお金をあげた後，兄の所持金は，$1800×\dfrac{3}{5}=1080$(円)となります。よって，兄から弟へ，
1320−1080＝240(円)あげたことになります。

2 習い事をしている男子の人数は，
(30−6)÷2＝12(人)
習い事をしている女子の人数は，
30−12＝18(人)
したがって，クラスの男子の人数は，

$12 \div 0.6 = 20$(人)で，女子の人数は，
$18 \div 0.75 = 24$(人)
よって，クラスの生徒数は，$20 + 24 = 44$(人)

> **ここに注意** 習い事をしている男子や女子の人数を求めるときは，和差算の考え方を使います。
>
>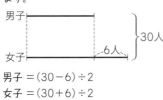
>
> 男子 $= (30 - 6) \div 2$
> 女子 $= (30 + 6) \div 2$

3 学校の男子の人数を⑤人，女子の人数を④人とします。
眼鏡をかけている男子は，⑤$\times 0.3 =$ ①.⑤(人)，女子は，④$\times 0.15 =$ ⓪.⑥(人)なので，①.⑤$+$⓪.⑥$=$②.①が 126 人にあたります。
したがって，①$= 126 \div 2.1 = 60$(人)より，学校の女子の人数は，$60 \times 4 = 240$(人)

4 (1)太郎君が A 店と B 店で使った金額の比は 5：11で，比の差は 6 です。これが 12000 円にあたるので，比の 1 は，
$12000 \div 6 = 2000$(円)にあたります。
よって，太郎君が B 店で使った金額は，
$2000 \times 11 = 22000$(円)
(2)太郎君が A 店と B 店で使った金額の合計は，
$2000 \times (5 + 11) = 32000$(円)
花子さんが 2 つの店で使った金額は，太郎君が使った金額の $\frac{4}{5}$ なので，

$32000 \times \frac{4}{5} = 25600$(円)

花子さんが B 店で使った金額は，A 店より 8000 円多かったので，和差算の考え方で，
$(25600 + 8000) \div 2 = 16800$(円)
したがって，A 店で使った金額は，
$25600 - 16800 = 8800$(円)
よって，求める比は，
$8800：16800 = 11：21$

5 はじめに兄が□円の $\frac{1}{4}$ を受け取ったので，2 人で

分けたのは□円の $\frac{3}{4}$ です。弟はこのうち $\frac{2}{3+2}$ を

受け取り，さらに 100 円を受け取ったので，

□$\times \frac{3}{4} \times \frac{2}{5} + 100 =$□$\times \frac{3}{10} + 100$(円)受け取っ

たことになります。これが 700 円にあたるので，

□$\times \frac{3}{10} = 700 - 100$ より，□$= 2000$(円)

6 (1)A$=$B$\times 2.5$，B$=$C$\times 0.8$ より，
はじめの式の「B」を「C$\times 0.8$」に置きかえると，
A$=$C$\times 0.8 \times 2.5 =$C$\times 2$
よって，C$=$A$\div 2 =$A$\times 0.5$
(2)B は A や C より印刷するのが遅いので，がい数にするときに B の枚数を少なめにします。

7 1 回だけ入場した人を①人とすると，2 回入場

した人は$\boxed{\frac{1}{2}}$人，3 回入場した人は，

$\boxed{\frac{1}{2}} \times \frac{1}{2} = \boxed{\frac{1}{4}}$(人)と表せます。

$1 \times ① + 2 \times \boxed{\frac{1}{2}} + 3 \times \boxed{\frac{1}{4}} = 2838$

$\boxed{\frac{11}{4}} = 2838$ より，①$= 2838 \div \frac{11}{4} = 1032$(人)

> **ここに注意** のべ人数は，(入場回数 $\times$ 人数)の総和になります。

ステップ2　　　　96～97 ページ

1 (1)4 個　(2)3：5　(3)13.2g
2 ゲーム機の値段 13400　A6500
B5700　C1200
3 A 中学校 600 人　B 中学校 750 人
4 (1)700円　(2)3200円
5 1080円

解き方

1 (1)Ⓐ3 個を 3Ⓐと表すとします。1 つ目の関係を式に表すと，
3Ⓐ$+1$Ⓑ$+2$Ⓒ$=5$Ⓑ$+1$Ⓒ となります。左右の皿からⒷ1 個，Ⓒ1 個をおろすと，
3Ⓐ$+1$Ⓒ$=4$Ⓑ
よって，Ⓑを 4 個のせればつり合います。
(2)2 つ目の関係を式に表すと，
5Ⓐ$+1$Ⓑ$+1$Ⓒ$=4$Ⓑ$+1$Ⓒ となります。左右の皿からⒷ1 個，Ⓒ1 個をおろすと，
5Ⓐ$=3$Ⓑ となるので，比例式の性質から
Ⓐ：Ⓑ$=3：5$
(3)Ⓐ1 個の重さを$\boxed{3}$g，Ⓑ1 個の重さを$\boxed{5}$g とすると，(1)の関係式より，
$3 \times \boxed{3} + 1$Ⓒ$=4 \times \boxed{5}$ となるので，Ⓒ1 個の重さは，$4 \times \boxed{5} - 3 \times \boxed{3} = \boxed{11}$(g)です。
$\boxed{3} + \boxed{5} + \boxed{11} = 22.8$ より，$\boxed{1} = 1.2$(g)
よって，Ⓒ1 個の重さは，$1.2 \times 11 = 13.2$(g)

2 AとBがはらった後の，残りの金額を $\boxed{1}$ とします。CはAとBがはらった残りの $\dfrac{\boxed{4}}{\boxed{5}}$ しかもらえなかったので，ゲーム機の代金の残りは $\dfrac{\boxed{1}}{\boxed{5}}$ となります。これがAが最後にはらった300円なので，$\dfrac{\boxed{1}}{\boxed{5}}=300$　よって，$\boxed{1}=1500$（円）

Cがはらったのは，$1500×\dfrac{\boxed{4}}{\boxed{5}}=1200$（円）

BはAがはらった後に残っている $\dfrac{3}{4}$ より300円多くはらったので，Aがはらった後に残っている $\dfrac{1}{4}$ より300円少ない金額が1500円にあたります。したがって，Aがはらった後に残っている $\dfrac{1}{4}$ の金額は，$1500+300=1800$（円）

よって，Aがはらった後に残っている金額は，$1800÷\dfrac{1}{4}=7200$（円）なので，Bがはらったのは，$7200×\dfrac{3}{4}+300=5700$（円）

Aがはらった後に残っている7200円は，ゲーム機の $\dfrac{1}{2}$ より500円多いので，ゲーム機の $\dfrac{1}{2}$ の値段は，$7200-500=6700$（円）

よって，ゲーム機の値段は，

$6700÷\dfrac{1}{2}=13400$（円）

Aがはらった金額は，ゲーム機の値段の $\dfrac{1}{2}$ よりも500円少なく，最後に300円はらったので，$6700-500+300=6500$（円）

3 A，Bの受験者数をそれぞれ $\boxed{4}$，$\boxed{5}$ とおき，不合格者数をそれぞれ $⑤$，$⑥$ とおくと，
$100+⑤=\boxed{4}$…（式ア），$150+⑥=\boxed{5}$…（式イ）となります。
（式ア）を5倍すると，$500+㉕=\boxed{20}$，
（式イ）を4倍すると，$600+㉔=\boxed{20}$，
これを線分図に表すと次のようになります。
この線分図より，
$㉕-㉔=$
$600-500$ なので，$①=100$

A中学校の不合格者数 $⑤$ は，$100×5=500$（人）となるので，A中学校の受験者数は，
$100+500=600$（人），B中学校の受験者数は，
$600×\dfrac{5}{4}=750$（人）

4 (1)Aさんの最初の所持金を $⑧$ 円とすると，Bさんは $⑥$ 円となります。
Aさんが25%寄付した残りは，
$⑧×(1-0.25)=⑥$（円）となり，Bさんと等しくなります。
Bさんはここから700円使ったので，2人の差は700円になります。
最後に花束を買いましたが，同じ金額ずつ出しあっているので，差は変わらず700円のままです。

(2)Cさんの最初の所持金は $⑤$ 円と表せます。
Bさんの現在の所持金は，
$⑥-700-800=⑥-1500$（円）
Cさんの現在の所持金は，
$⑤-1000-800=⑤-1800$（円）
2人の現在の所持金の比が $9:2$ であることから，次の線分図のようになります。

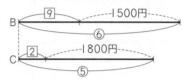

線分図より，Bさんの最初の所持金は，
（$\boxed{9}+1500$）円と表すことができます。

この $\dfrac{5}{6}$ がCさんの最初の所持金と等しくなるので，

（$\boxed{9}+1500$）$×\dfrac{5}{6}=\boxed{2}+1800$
$\boxed{7.5}+1250=\boxed{2}+1800$

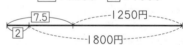

線分図より，
$\boxed{7.5}-\boxed{2}=1800-1250$
$\boxed{5.5}=550$ となるので，$\boxed{1}=100$（円）
したがって，Cさんの最初の所持金は，
$2×100+1800=2000$（円）
最初の所持金の比から，最初のAさんの所持金は，

$2000×\dfrac{8}{5}=3200$（円）

5 三女がはじめに持っていたお金を $\square$ 円とすると，長女は（$\square+400$）円，次女は（$\square+500$）円持っていたことになります。長女，次女，三女が買いたかった品物の値段をそれぞれ $⑥$ 円，$⑤$ 円，$④$ 円とすると，3人の所持金の合計でちょうど3つの品物が買えることから，
$\square+400+\square+500+\square=⑥+⑤+④$

□×3＋900＝⑮となります。

次女の買いたかった品物は⑤円なので、

⑮÷⑤＝3 より、所持金の合計の $\frac{1}{3}$ が代金に

なります。したがって、次女の買いたかった品
物の値段は、

（□×3＋900）÷3＝□＋300（円）

次女は（□＋500）円持っていたので、長女と三
女に合わせて、

□＋500－（□＋300）＝200（円）わたしたとわ
かります。

この 200 円を長女と三女が 2：3 の割合（わりあい）でもらっ
たので、長女がもらった金額は、

$200 \times \frac{2}{2＋3}＝80$（円）

長女がはじめに持っていたお金と合わせると、

□＋400＋80＝□＋480（円）となり、これが
⑥円にあたります。

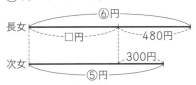

線分図より、⑥－⑤＝480－300 となるので、
①＝180（円）とわかります。

よって、長女が買った品物の値段は、

180×6＝1080（円）

22 速さについての文章題 ①

ステップ1　　　98～99 ページ

1 (1)10 分後　(2)20 分後
2 A さん分速 78m　B さん分速 52m
3 24m
4 秒速 20m
5 1 分 12 秒
6 1 分 16 秒
7 (例)A と B がトンネルに入り始めてから
　　出るまでにかかった時間は同じであ
　　る。2 つの列車が進んだ時間を○秒、
　　トンネルの長さを□ m とすると、
　　A について、
　　20×○＝100＋□…(式ア)
　　B について、
　　26×○＝220＋□…(式イ)
　　(式イ)から(式ア)をひいて、

6×○＝120　○＝20
よって、トンネルの長さは、
(式ア)より、20×20＝100＋□
　　　　　　　　　□＝300

　　　　　　　　　　答え　300m

8 36 秒

解き方

1 (1)A さん、B さんは反対回りに進んでいるので、
　出会ったとき、2 人の道のりの和が公園 1 周
　分の道のりに等しくなります。よって、出会
　うのは
　4000÷(240＋160)＝10(分後)になります。

(2)B さんは 10 分間に、160×10＝1600(m)進
　んでいるので、A さんが追いつくのは、
　1600÷(240－160)＝20(分後)になります。

> **ここに注意**　2 人が反対方向に進んで出会う
> ⇒出会うまでの時間
> 　＝2 人の間の道のり ÷2 人の速さの和
> 2 人が同じ方向に進んで追いつく
> ⇒追いつくまでの時間
> 　＝2 人の間の道のり ÷2 人の速さの差

2 A さんの速さを分速○ m、B さんの速さを分速
　□ m とします。2 人が同時に反対方向に回り始
　めると 7 分後に出会うので、
　(○＋□)×7＝910より、○＋□＝130…(式ア)
　同じ方向に回り始めると 35 分後に A さんは B
　さんに追いつくので、(○－□)×35＝910より、
　○－□＝26…(式イ)
　(式ア)と(式イ)をたすと、2×○＝156より、
　○＝78
　78＋□＝130より、□＝52

> **ここに注意**　同じ方向に回ったとき、「1 周
> 多く回って、B さんに追いつき」とは、2 人の進
> んだ道のりの差がグラウンド 1 周分になるとい
> うことです。

3 8 時の時点でのあ
　き子さんと兄の位
　置関係は、右の図
　のようになっています。

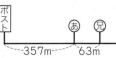

　8 時 5 分に兄はポストに着いたので、兄の歩く
　速さは、(357＋63)÷5＝84(m/分)
　また、8 時 3 分にあき子さんに追いついている
　ので、兄とあき子さんの速さの差は、
　63÷3＝21(m/分)

43

したがって，あき子さんの歩く速さは，
$84-21=63$(m/分)

8時5分に，兄はポストのところに，あき子さ
んは，$63×5=315$(m)よりポストから，
$357-315=42$(m)のところにいます。

この後，2人は向かい合って進むので，出会う
までにかかる時間は，$42÷(84+63)=\dfrac{2}{7}$(分)

よって，ポストから，
$84×\dfrac{2}{7}=24$(m)の地点になります。

4 $(200+1200)÷70=20$(m/秒)

> **ここに注意** 列車はトンネルに入り始めて
> から出終わるまでに，列車の長さとトンネルの
> 長さの和だけ進みます。

5 列車の速さは，
$(180+320)÷40=12.5$(m/秒)となります。
よって，トンネルを通過するのに，
$(180+720)÷12.5=72$(秒)より，1分12秒
かかります。

6 $(200+180)÷(20-15)=76$(秒)より，
1分16秒

> **ここに注意** 列車Aが列車Bを追いぬくま
> でに，列車Aは列車Bより2つの列車の長さ
> の和だけ多く進みます。2つの列車は同じ方向
> に進んでいるので，速さの差を使います。

8 時速75km＝秒速$\dfrac{125}{6}$m，時速60km＝秒速
$\dfrac{100}{6}$mなので，2つの列車の長さの和は，
$\left(\dfrac{125}{6}+\dfrac{100}{6}\right)×4=150$(m)

よって，AがBを追いぬくのにかかる時間は，
$150÷\left(\dfrac{125}{6}-\dfrac{100}{6}\right)=36$(秒)

ステップ2 100～101ページ

1 (1)10分　(2)10回

2 (1)

(2)$\dfrac{75}{8}$m　(3)$\dfrac{175}{8}$m

3 (1)600m　(2)$1\dfrac{1}{3}$秒後

4 (1)125m　(2)時速42km

解き方

1 (1)1周するのにAさんは$\dfrac{5}{3}$分，Bさんは$\dfrac{6}{3}$分
かかります。$\dfrac{5}{3}$と$\dfrac{6}{3}$は分母が同じなので，
分子の5と6の最小公倍数を考えると，30
になります。よって，2人が再び出発点で出
会うのは$\dfrac{30}{3}=10$分後です。

(2)池のまわりの長さを$\boxed{1}$mとおくと，Aさん
の速さは毎分$\boxed{\dfrac{3}{5}}$m，Bさんは毎分$\boxed{\dfrac{1}{2}}$m
2人は反対方向に進むので，
$\boxed{1}÷\left(\boxed{\dfrac{3}{5}}+\boxed{\dfrac{1}{2}}\right)=\dfrac{10}{11}$(分)ごとに出会います。
(1)より，2人が出発点で出会うのは10分後で，
$10÷\dfrac{10}{11}=11$(回目)になります。
よって，10分後までに$11-1=10$(回)出会
います。

2 (1)海子さんと星子さんの速さの比が3:5なので，
かかる時間の比はその逆比で5:3になりま
す。グラフより，海子さんは25m進むのに
15目盛りかかっているので，星子さんは，
$15×\dfrac{3}{5}=9$(目盛り)で25m進みます。

(2)海子さんと星子さんの進むきょりの比は，速
さの比に等しいので3:5です。よって，求
める地点のA地点からのきょりは，
$25×\dfrac{3}{3+5}=\dfrac{75}{8}$(m)

(3)2回目に出会うのは，2人の進んだきょりの
和が，$25×3=75$(m)になったときです。こ
のとき，星子さんの進んだきょりは，
$75×\dfrac{5}{3+5}=\dfrac{375}{8}$(m)
星子さんはB地点から出発しているので，A
地点からのきょりは，
$\dfrac{375}{8}-25=\dfrac{175}{8}$(m)

3 (1)列車Aの先頭がトンネルに入り始めてから出
るまでにかかる時間は24秒です。これは列
車Aがトンネルの長さの分だけ進むのにかか
る時間と同じです。
列車Aの速さは時速90km＝秒速25mなので，

$25 \times 24 = 600$(m)

(2)列車Aの長さはグラフより150m,列車B

の長さは,$150 \times \dfrac{7}{10} = 105$(m)

トンネルの真ん中までの長さは,

$600 \div 2 = 300$(m)

列車Aがトンネルに入り始めてから最後尾が

300mの地点に来るのに,

$(300 + 150) \div 25 = 18$(秒)かかります。し

たがって,列車Bの速さは,

$(300 + 105) \div 18 = 22.5$(m/秒)となります。

列車Aの最後尾がトンネルを出るまでにかか

る時間は,$(600 + 150) \div 25 = 30$(秒)です。

列車Aと列車Bの先頭がトンネルに入ってか

ら列車Bの最後尾がトンネルを出るのに,

$(600 + 105) \div 22.5 = 31\dfrac{1}{3}$(秒)かかるので,

列車Aの最後尾がトンネルを出てから列車B

の最後尾がトンネルから出るのは,

$31\dfrac{1}{3} - 30 = 1\dfrac{1}{3}$(秒後)

4 (1)人と電車は同じ方向に進んでおり,速さの差

は,$94 - 4 = 90$(km/時)

時速90km=秒速25mで,追いぬくのに5

秒間かかることから,電車の長さは,

$25 \times 5 = 125$(m)

(2)9秒=$\dfrac{9}{3600}$時間=$\dfrac{1}{400}$時間なので,電車

と自動車の速さの差は,

$(125 + 5) \div \dfrac{1}{400} = 52000$(m/時)

52000m=52kmより,時速52km

よって,自動車の速さは,

$94 - 52 = 42$(km/時)

> **ここに注意** (1)人は長さが非常に短いので,
> 長さを考える必要がありません。

23 速さについての文章題 ②

ステップ1

1 (1)分速430m (2)分速10m

2 (1)時速4km (2)時速7km (3)時速8km

3 48000

4 (1)時速10km (2)6.5km

5 長針288° 短針24°

6 (1)135° (2)10時$5\dfrac{5}{11}$分,10時$38\dfrac{2}{11}$分

解き方

1 (1)(船の静水時の速さ)−(川の流れの速さ)

=420,(船の静水時の速さ)+(川の流れの

速さ)=440なので,船の静水時の速さは,

$(420 + 440) \div 2 = 430$(m/分)

(2)430+(川の流れの速さ)=440なので,川の

流れの速さは,$440 - 430 = 10$(m/分)

2 (1)$12 \div 3 = 4$(km/時)

(2)上りの速さは,$12 \div 4 = 3$(km/時)

川の流れる速さが時速4kmなので,船①の

静水時の速さは,$3 + 4 = 7$(km/時)

(3)下りの速さは,$12 \div 1 = 12$(km/時)

川の流れる速さが時速4kmなので,船②の

静水時の速さは,$12 - 4 = 8$(km/時)

3 上りと下りの時間の比は,6:4=3:2なので,

速さの比はこの逆比で2:3です。上りの速さ

を時速②km,下りの速さを時速③kmとする

と,静水時の速さは,

$(② + ③) \div 2 = ②.5$(km/時)

これが時速10kmにあたるので,

②.5=10より,①=4(km/時)

上りの速さは,$4 \times 2 = 8$(km/時)となるので,

A地点とB地点の間のきょりは,

$8 \times 6 = 48$(km)より,48000m

4 (1)AとBは下流から3.5kmの地点ですれちがっ

たので,Bが進んだきょりは3.5km,Aが進

んだきょりは$10 - 3.5 = 6.5$(km)となります。

よって,上りの速さと下りの速さの比は

3.5:6.5=7:13

13−7=6で,これが川の流れの速さの2

倍にあたるので,6=3×2より,

1=1(km/時)

上りの速さは7(km/時),下りの速さは

13(km/時)となるので,船の静水時の速さは,

$(7 + 13) \div 2 = 10$(km/時)

(2)Bが上流に着くのは,$10 \div 7 = \dfrac{10}{7}$(時間後),

Aが下流に着くのは,$10 \div 13 = \dfrac{10}{13}$(時間後)

Bが上流に着いたとき,Aは下流から上流に

向かっており,下流から,

$\left(\dfrac{10}{7} - \dfrac{10}{13}\right) \times 7 = \dfrac{60}{13}$(km)の地点にいます。

したがって,AとBがすれちがうのはBが上

流に着いてから,$\left(10 - \dfrac{60}{13}\right) \div (7 + 13) = \dfrac{7}{26}$

（時間後）なので，下流からのきょりは，

$$\frac{60}{13}+7\times\frac{7}{26}=6.5(km)$$

> **ここに注意** (1)船Aと船Bがすれちがうまでに進んだ道のりの比が，下りの速さと上りの速さの比と等しくなります。（時間が同じとき，道のりの比は速さの比と等しくなるため。）

5 長針について，$6°\times48=288°$
短針について，$0.5°\times48=24°$

> **ここに注意** 長針は1時間で1周するので，1分間に，$360°\div60=6°$回転します。
短針は1時間に数字1つ分回転するので，$360°\div12=30°$回転します。したがって，1分間に回転する角度は，$30°\div60=0.5°$

6 (1) 10時から10時30分までに短針は，

$0.5°\times30=15°$進みます。

したがって，右の図の角**イ**の大きさが$15°$になるので，角**ア**の大きさは，$30°\times4+15°=135°$

(2) 10時のとき，長針と短針のつくる角は$60°$
このとき長針が短針より進んだ位置にあり，さらに長針と短針の間が$30°$広がればよいので，$30°\div(6°-0.5°)=5\frac{5}{11}$（分）後に$90°$に

なります。よって，10時$5\frac{5}{11}$分です。

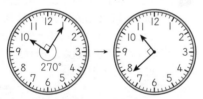

このとき，長針と短針のつくる大きいほうの角の大きさは，$360°-90°=270°$
この角の大きさを$90°$にするには，長針が$270°-90°=180°$だけ短針に追いつけばよいので，$180°\div(6°-0.5°)=32\frac{8}{11}$（分）後に

なります。よって，

$5\frac{5}{11}+32\frac{8}{11}=38\frac{2}{11}$より，10時$38\frac{2}{11}$分

> **ここに注意** 長針は1分間に$6°$ずつ，短針は1分間に$0.5°$ずつ進むので，長針と短針のつくる角は1分間に，$6°-0.5°=5.5°$ずつ変化します。

---

1 (1)5：1 (2)7：3 (3)8：7
2 (1)2分5秒 (2)毎分27m
3 (1)分速30m (2)800m (3)2400m
4 (1)55$\frac{5}{13}$分間 (2)2時15$\frac{135}{143}$分

解き方

1 (1)B町からC町までの船の速さを3とおくと，C町からB町への船の速さは2になります。
$3-2=1$が川の流れの速さの2倍にあたるので，川の流れの速さは0.5となります。よって船の静水時の速さは，$3-0.5=2.5$
よって，求める比は，$2.5：0.5=5：1$

(2)A町からB町までの川の流れの速さは，$0.5\times2=1$
船の静水時の速さは2.5なので，船がA町からB町へ進む速さは，$2.5+1=3.5$
船がB町からA町へ進む速さは，$2.5-1=1.5$
よって，求める比は，$3.5：1.5=7：3$

(3)A町とB町，B町とC町の間のきょりを①とおきます。船がAB間を往復するのに，

①$\div3.5+$①$\div1.5=\frac{20}{21}$かかり，船がBC間を

往復するのに，①$\div3+$①$\div2=\frac{5}{6}$かかります。

よって，求める比は，$\frac{20}{21}：\frac{5}{6}=8：7$

2 (1)Aが流れに逆らって泳ぐときの速さは，

$100\div1\frac{7}{18}=72(m/分)$なので，静水時の速

さは，$72+24=96(m/分)$
よって，200mを泳ぐのにかかる時間は，

$200\div96=2\frac{1}{12}$（分）より，2分5秒。

(2)AとBが出会うまでに，Aが泳いだ長さは，
$(360+132)\div2=246(m)$
Bが泳いだ長さは，$360-246=114(m)$
このときの2人の速さの比は泳いだ長さの比に等しいので，$246：114=41：19$
このときのAの速さを毎分㊶m，Bの速さを毎分⑲mとすると，Aについて，
$96+$（流れの速さ）$=㊶$…（式ア）
Bについて，
$84-$（流れの速さ）$=⑲$…（式イ）
（式ア）と（式イ）をたすと，
$96+84=㊶+⑲$より，①$=3(m/分)$
よって，プールの流れの速さは，

$3 \times 41 - 96 = 27 \, (\text{m}/分)$

3 (1) 2人が出会ったところをC地点とします。弟は，B地点からC地点に進むのに40分，C地点からA地点に進むのに60-40=20(分)かかっているので，BC間のきょりとCA間のきょりの比は，2：1です。

弟と兄が40分間で進んだきょりが2：1なので，下り（弟）の速さと上り（兄）の速さの比も2：1になります。下りの速さを毎分②m，上りの速さを毎分①mとすると，

静水時の速さ ＝(②＋①)÷2＝⑴.5

川の流れの速さ ＝②－⑴.5＝⒪.5

川の流れの速さは分速10mなので，

⒪.5＝10より，⑴.5＝10×(⑴.5÷⒪.5)＝30

よって，分速30m

(2) (1)より，上りの速さは，

$10 \times 2 = 20 \, (\text{m}/分)$

川を上り始めてから40分後に出会っているので，A地点からのきょりは，

$20 \times 40 = 800 \, (\text{m})$

(3) (1)より，下りの速さは上りの速さの2倍なので分速40mです。弟はB地点からA地点に進むのに60分かかったので，

$40 \times 60 = 2400 \, (\text{m})$

4 (1) 長針と短針が動いた角度の合計は360°で，長針は1分間に6°，短針は$\frac{1}{2}$°動くので，

$$360° \div \left(6° + \frac{1}{2}°\right) = 55\frac{5}{13}(分)$$

(2) 短針と長針がつくる小さいほうの角度は，

$55\frac{5}{13}$分間に短針が動いた角度に等しいので，

$$\frac{1}{2}° \times 55\frac{5}{13} = 27\frac{9}{13}°$$

(図1)より，本を読み始めたのは2時から3時の間で，2時のときの時計よりも長針が短針より$30° \times 2 + 27\frac{9}{13}°$多く動いたときなので，

$$\left(30° \times 2 + 27\frac{9}{13}°\right) \div \left(6° - \frac{1}{2}°\right) = 15\frac{135}{143}(分)$$

よって，本を読み始めたのは，2時$15\frac{135}{143}$分

20～23
ステップ**3** 　　　　106～107ページ

1 (1) ア 25　イ 49　ウ 81　エ 121
(2) 421　(3) 右に3，下に7

2 1500円

---

3 (1) 2時間40分　(2) 13時間20分
4 (1) 秒速7m　(2) 360m　(3) 5回
5 (1) 時速2km　(2) 時速7.5km

解き方

1 (1) 実際に続きを記入してみると，**ア**は25であるとわかります。

・1のマスは，$1 = 1 \times 1$
・1のマスから右に1，上に1のマスに入るのは，$9 = 3 \times 3$
・1のマスから右に2，上に2のマスに入るのは，$25 = 5 \times 5$

このような規則性から，1のマスから右と上に同じ数だけ進むと，そこにある数は同じ奇数をかけた数になっていることがわかります。

よって，同じように考えると，

・1のマスから右に3，上に3のマスに入るのは，$7 \times 7 = 49$
・1のマスから右に4，上に4のマスに入るのは，$9 \times 9 = 81$
・1のマスから右に5，上に5のマスに入るのは，$11 \times 11 = 121$

(2) 1のマスから右に10，上に10のマスに入る数は，$21 \times 21 = 441$となります。そこから下に20進めばよいので，$441 - 20 = 421$となります。

(3) 1のマスから右に7，上に7のマスに入る数は，$15 \times 15 = 225$になります。ここから下に14進むと，$225 - 14 = 211$になります。これより下はちがう周のマスになります。そこから左に4進むと207になります。よって，1のマスから右に$7 - 4 = 3$，下に7進めばよいことがわかります。

> **ここに注意** 1のマスから右に□，上に□のマスに入る数は，$(2 \times □ + 1) \times (2 \times □ + 1)$になっていることをもとにして，問題を解いていきましょう。

2 2日目は定価の2割引で売ったので，2日目の売り値は，$2000 \times (1 - 0.2) = 1600$(円)

1日目と2日目の売り値の比は，$2000 : 1600 = 5 : 4$で，売り上げ金額は同じなので，売れた個数の比はその逆比で4：5です。

1日目と2日目の利益の比は4：1，売れた個数の比は4：5であることから，1個あたりの利益の比は，

$(4 \div 4) : (1 \div 5) = 5 : 1$

この１個あたりの利益の比の差５−１＝４が，
売り値の差２０００−１６００＝４００（円）にあたる
ので，１個あたりの利益の比１は，
４００÷４＝１００（円）にあたります。
よって，商品１個の仕入れ値は，
１６００−１００＝１５００（円）

③ (1)条件を満たすのは，次の時間です。
・１：０５から１：１０と１：３０から１：４５
　の２０分間
・６：０５から６：１０と６：３０から６：４５
　の２０分間
・７：０５から７：１０と７：３０から７：４５
　の２０分間
・８：０５から８：１０と８：３０から８：４５
　の２０分間
同じようにして，１３時から１４時，１８時か
ら１９時，１９時から２０時，２０時から２１
時の間にもそれぞれ２０分間ずつあります。
よって，２０×８＝１６０（分）あるので２時間
４０分です。

(2)２４時間（１４４０分）の中で，長針と短針の両
方またはどちらか一方が色のついた部分に
入っている時間は，２４時間から長針と短針
の両方が色のついていない部分に入ってい
る時間をひいた差に等しくなります。よって，
長針と短針の両方が色のついていない部分に
入っている時間を求めます。
・０：００から０：０５，０：１０から０：３０，
　０：４５から１：００の４０分間
・２：００から２：０５，２：１０から２：３０，
　２：４５から３：００の４０分間
・３：００から３：０５，３：１０から３：３０，
　３：４５から４：００の４０分間
・４：００から４：０５，４：１０から４：３０，
　４：４５から５：００の４０分間
・５：００から５：０５，５：１０から５：３０，
　５：４５から６：００の４０分間
・９：００から９：０５，９：１０から９：３０，
　９：４５から１０：００の４０分間
・１０：００から１０：０５，１０：１０から１０：
　３０，１０：４５から１１：００の４０分間
・１１：００から１１：０５，１１：１０から１１：
　３０，１１：４５から１２：００の４０分間
１２時から１３時，１４時から１５時，１５時
から１６時，１６時から１７時，１７時から
１８時，２１時から２２時，２２時から２３時，
２３時から２４時も４０分間ずつあります。

よって，４０×１６＝６４０（分間）あるので，
求める時間は，
１４４０−６４０＝８００（分間）より，
１３時間２０分です。

> **ここに注意** (2)直接答えを求めようとする
> と，考える場合の数が多くなってしまうので，
> 次の考え方を利用しましょう。
> （条件にあてはまる時間）
> ＝（すべての時間）−（条件にあてはまらない時間）

④ (1)Ｂさんの速さを秒速□ｍとします。Ｂさん
は１２０秒後にＡさんに追いついているので，
□×１２０−４×１２０＝□１２０−４８０（ｍ）が池の
まわりの１周分の長さになります。また，Ｂ
さんとＣさんは３０秒後に出会っているので，
□×３０＋５×３０＝□３０＋１５０（ｍ）が池のまわ
りの１周分の長さになります。よって，次の線
分図がかけます。

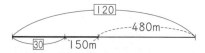

線分図より，□１２０−□３０＝１５０＋４８０
□１＝７（ｍ）　よって，Ｂさんの速さは秒速７ｍ

(2)池のまわりの道１周分の長さは，
□３０＋１５０＝７×３０＋１５０＝３６０（ｍ）

(3)ＡさんとＣさんが出会うのは，
３６０÷（４＋５）＝４０（秒）ごと
ＡさんとＢさんが出会うのは，
３６０÷（７−４）＝１２０（秒）ごと
ＢさんとＣさんが出会うのは，
３６０÷（７＋５）＝３０（秒）ごと
よって，３人がはじめて同時に出会うのは，
３０と４０と１２０の最小公倍数の１２０秒後
になります。
ＣさんがＡさんと出会うのは４０秒，８０秒，
１２０秒のときです。ＣさんがＢさんと出会
うのは３０秒，６０秒，９０秒，１２０秒のとき
です。よって，１２０秒までに５回出会います。

⑤ (1)上りと下りの船の速さの比は，出会うまでに
進んだきょりの比に等しいので，
（３０−１８）：１８＝２：３
上りの速さを②，下りの速さを③とすると，
静水時の速さは，（②＋③）÷２＝②.５となり，
これが時速１０ｋｍにあたります。したがって，
①＝１０÷２.５＝４（ｋｍ／時）なので，上りの速
さは，
４×２＝８（ｋｍ／時）

よって，川の流れの速さは，
10－8＝2(km／時)

(2)この日の川の流れの速さは，
2×1.5＝3(km／時)
上りの船の速さは，10－3＝7(km／時)
A 地点から 18km の地点で出会うためには，
(1)と同じように上りと下りの船の速さの比を
2：3 にすればよいので，下りの船の速さを
時速□km とすると，7：□＝2：3 より，
□＝7×3÷2＝10.5
よって，下りの船の静水時の速さは，
10.5－3＝7.5(km／時)

総復習テスト① 108~109 ページ

1 (1)6 個 (2)12 個 (3)38 個
2 (1)4：3 (2)216m
3 (1)62.56cm (2)250.24cm²
4 (1)毎分 450m (2)30 分後 (3)7.2km
5 (1)4cm (2)36

解き方

1 (1)次のような樹形図をかくと，全部で 6 個あり
ます。

```
 千 百 十 一        千 百 十 一
 1<1-2-2        2<1-1-2
   2<1-2          2-1
     2-1
```

(2)次のような樹形図をかくと，全部で 12 個あり
ます。

```
 千 百 十 一        千 百 十 一
 1<1<2-3        2<1-3
     3-2          3-1
   2<1-3        3<1-2
     3-1          2-1
   3<1-2
     2-1
```

(3)6 枚から 4 枚を選ぶということは，6 枚から
2 枚を選んで外すことと同じです。
外す 2 枚の選び方は，[1][1]，[1][2]，[1][3]，
[2][2]，[2][3]の 5 通りです。
㋐ [1][1]を外すとき⇒[1][2][2][3]を並べま
す。同じ数字が 2 枚 1 組と，異なる数字
が 2 枚あるので，(2)と同じように 12 個あ
ります。
㋑ [1][2]を外すとき⇒[1][1][2][3]を並べま
す。(2)と同じなので，12 個あります。

㋒ [1][3]を外すとき⇒[1][1][2][2]を並べま
す。(1)と同じなので，6 個あります。
㋓ [2][2]を外すとき⇒[1][1][1][3]を並べま
す。1113，1131，1311，3111 の 4 個
あります。
㋔ [2][3]を外すとき⇒[1][1][1][2]を並べま
す。同じ数字が 3 枚 1 組と，異なる数字
が 1 枚あるので，㋓と同じように 4 個あ
ります。
㋐~㋔より，全部で，
12×2＋6＋4×2＝38(個)

2 (1)A さんの歩数は，
180×100÷60＝300(歩)
B さんの歩数は，
240×100÷60＝400(歩)
同じきょりを歩いたときの歩はばの比は歩数
の比の逆比なので，A さんと B さんの歩はば
の比は，400：300＝4：3

(2)A さんの歩はばを④，B さんの歩はばを③と
すると，この差の①が 18cm にあたります。
したがって，A さんの実際の歩はばは，
18×4＝72(cm)
よって，橋の長さは，
72×300＝21600(cm)より，216m

3 (1)求める部分は，
右の図で色の
ついた線にな
ります。求め
る長さは，1
辺が 10cm の
正五角形の周
の長さと半径
2cm の円周の長さの和になるので，
10×5＋2×2×3.14＝62.56(cm)

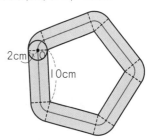

(2)求める部分は，上の図で色のついた部分に
なります。求める面積は，縦が 10cm，横が
4cm の長方形 5 つ分の面積と半径 4cm の円
の面積の和になるので，
10×4×5＋4×4×3.14＝250.24(cm²)

ここに注意 円が動くようすを図にかいて，
イメージをつかんでから解き進めるようにしま
しょう。

4 (1)グラフより，バスは 48－8＝40(分間)で A
駅から B 駅までの 18km を進んでいるので，
速さは，18×1000÷40＝450(m／分)

(2)18000÷(450＋150)＝30(分後)

(3) 花子さんが 48 分間に進むきょりは，
150×48＝7200(m)より，バスが B 駅を出
発するとき，バスと花子さんは 7200m はな
れています。バスが花子さんに追いつくのに
かかる時間は，
7200÷(450−150)＝24(分)
したがって，バスが花子さんに追いついた地
点の A 地点からのきょりは，
18×1000−450×24＝7200(m)より，
7.2km

5 (1) 水を入れ始めてから 10 秒後にグラフのかた
むきがゆるやかになっていることから，A の
部分の水の深さが穴の高さになり，B の部分
に水が流れ始めたことがわかります。した
がって，26 秒後までに B の部分に入った水
の量は，
75×(26−10)＝1200(cm³)
B の底面積は，30×10＝300(cm²)なので，
求める深さは，1200÷300＝4(cm)

(2) グラフより，水を入れ始めて 10 秒で A の部
分に入った水の深さが 10cm になっているの
で，管から 1 秒間に入る水の量は，
30×20×10÷10＝600(cm³)
10 秒後から 26 秒後までの 16 秒間に A の
部分には，(600−75)×16＝8400(cm³)の
水が入ります。このとき，水の深さは，
10cm から 8400÷(30×20)＝14(cm)だけ
深くなるので，10＋14＝24(cm)が仕切り
の高さになります。26 秒後からは B の部分
に毎秒 600cm³ の水が入るので，B の部分の
水の深さが仕切りの高さと同じ 24cm になる
には，(30×10×24−1200)÷600＝10(秒)
かかります。よって，x＝26＋10＝36(秒)

総復習テスト② 110〜112 ページ

1 11：30
2 (1)70cm³ (2)2.1cm
3 (1)A 毎分 5L B 毎分 4L C 毎分 3L
(2)A5 分 20 秒 B8 分 20 秒
4 6 時間
5 C→B→A→D
6 A さん 3000 円 B さん 2400 円

7 (1)120m (2)225m
8 (1)8 個 (2)69$\frac{3}{4}$ cm²
9 (1)エ，オ (2)時速 60km (3)31
(4)3.2km

解き方
1 三角形 FBE と三角形
FDA は拡大図・縮図
の関係で，
BE：DA＝2：3なので，
面積比は，
(2×2)：(3×3)＝4：9

三角形 FBE の面積を４とすると，三角形 FDA
の面積は９になります。
また，EF：AF＝BE：DA＝2：3で，底辺をそれ
ぞれ EF，AF とみると，三角形 FBE と三角形 FBA
は高さが等しいので，面積の比は底辺の比に等し
く 2：3 になります。したがって，三角形 FBA
の面積，４×$\frac{3}{2}$＝６
三角形 ABD の面積は三角形 FBA と三角形 FDA
の面積の和に等しく，６＋９＝⑮
これが平行四辺形の面積の半分なので，平行四
辺形の面積は，⑮×2＝㉚
四角形 FECD の面積は，⑮−４＝⑪となるの
で，求める比は，⑪：㉚＝11：30

ここに注意 最も小さい部分の面積を基準
にして，拡大図・縮図の関係や辺の長さの比か
ら他の部分の面積を表していきましょう。

2 (1)10×3.5÷2×4＝70(cm³)
(2)もとの直方体の体積は，
70×$\frac{16}{5}$＝224(cm³)
よって，AB の長さは，
224÷(4×10)−3.5＝2.1(cm)

3 (1)A から出る水の量は，60÷12＝5(L/分)
A と B の 2 つで水を入れると 6 分 40 秒，
つまり$\frac{20}{3}$分でいっぱいになるので，
A と B の 2 つから出る水の量は，
60÷$\frac{20}{3}$＝9(L/分)
A からは毎分 5L 出るので，B からは毎分
9−5＝4(L)出ます。
A と C の 2 つで水を入れると 7 分 30 秒，
つまり$\frac{15}{2}$分でいっぱいになるので，

AとCの2つから出る水の量は,

$60 \div \dfrac{15}{2} = 8$(L/分)

Aからは毎分5L出るので, Cからは毎分
$8-5=3$(L)出ます。

(2)もし最後までAだけで13分40秒, つまり
$\dfrac{41}{3}$分水を入れたとすると,

$5 \times \dfrac{41}{3} = \dfrac{205}{3}$(L)の水が入ります。

よって, Bが水を入れたのは,

$\left(\dfrac{205}{3} - 60\right) \div (5-4) = \dfrac{25}{3}$(分)より, 8分20

秒になります。よって, Aが水を入れた時間は,

13分40秒 − 8分20秒 = 5分20秒

4 ポンプ1台が1時間あたりにくみ上げる水の
量を ① , プールに一定の割合で入れる水の量
を ① , 満水の量を △ とします。

ポンプ3台を使うと24時間で水をすべてくみ
上げるので, $\triangle + ① \times 24 = ③ \times 24$ より,

$\triangle + ㉔ = ㊀②$ …(式ア)

ポンプ8台を使うと4時間でくみ上げるので,
$\triangle + ① \times 4 = ⑧ \times 4$ より,

$\triangle + ④ = ㉜$ …(式イ)

(式ア)と(式イ)で △ の量は等しいので,

$㉔ - ④ = ㊀② - ㉜$ より, $① = ②$

したがって, 水を入れる割合はポンプ2台がく
み上げる分になります。

(式イ)より, $\triangle + ⑧ = ㉜$ $\triangle = ㉔$

ポンプを6台使う場合, このうち2台は水道管
から入れ続けている水をくみ上げるのに使うと
考えて, 残りの4台で ㉔ をくみ上げるのにか
かる時間は, $㉔ \div ④ = 6$(時間)

5 問題の図を左から順に図1, 図2, 図3とします。
まず, 図1と図3を比べると, 左側のB1つを
Aにかえると右側のCDより重くなっているの
で, AのほうがBより重いとわかります。

すると, AAとBBではAAのほうが重くなりま
す。これと図2を比べると, B1つをDにかえ
るとAAとつり合うので, DのほうがAより重
いとわかります。

このようなA, B, Dで図2に合うような数を
考えます。例えば, A=8, B=6, D=10とす
ると, 図3より, $6 \times 2 = C + 10$ C=2

したがって, 軽い順に, C → B → A → D

6 AさんとBさんがはじめに持っていた金額をそ
れぞれ ⑤ 円, ④ 円とし, 2人が使った金額を
それぞれ ③ 円, ① 円として, 次のような線分図

をかきます。

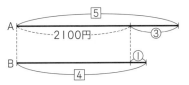

線分図より, $⑤ - ④ = ③ - ①$ となるので,
$① = ②$ …(式ア)

Bさんの所持金の関係から,

$④ - ① = 2100$ これに(式ア)をあてはめると,

$⑧ - ① = 2100$ となるので, $① = 300$(円)

したがって, $① = 300 \times 2 = 600$(円)

よって, はじめに持っていた金額は,

Aさんは, $600 \times 5 = 3000$(円)

Bさんは, $600 \times 4 = 2400$(円)

7 (1)電車の長さを ① m, 速さを秒速 ① m とおく
と, $① = (① - 10) \times 8$ より,

$① = ⑧ - 80$ …(式ア)

また, $1500 + ① = ① \times 64.8$ より,

$1500 + ① = ㊅④.⑧$ …(式イ)

(式ア)と(式イ)を次のような線分図に表しま
す。

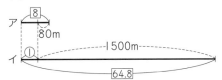

線分図より, $㊅④.⑧ - ⑧ = 1500 - 80$ となる
ので, $① = 25$(m/秒)

(式ア)より, $① = 25 \times 8 - 80 = 120$(m)

(2)秒速25mの電車の速さが0になったので,
速さの平均をとると,

$(25 + 0) \div 2 = 12.5$(m/秒)

よって, 進んだきょりは,

$12.5 \times 18 = 225$(m)

> **ここに注意** (2)ブレーキをかけ始める前と
> 停止した後の速さの平均を求めてから, (速さ)
> ×(時間)=(道のり)の公式を使いましょう。

8 (1)1段目は1個, 2段目は2個, 3段目は4個
のように, 三角形の個数は1段ごとに2倍に
増えています。よって, 4段目の三角形の個
数は, $4 \times 2 = 8$(個)

(2)1段目の三角形の面積の合計は,

$(6 \times 12 \div 2) \times 1 = 36$(cm²)

2段目は, $(3 \times 6 \div 2) \times 2 = 18$(cm²),

3段目は, $(1.5 \times 3 \div 2) \times 4 = 9$(cm²)

前の段と比べて三角形の面積が $\frac{1}{4}$ になり，三角形の個数は 2 倍になるので，三角形の面積の合計は前の段の半分になっています。よって，4 段目は，$9 \div 2 = \frac{9}{2}$ (cm²) となり，5 段目は，$\frac{9}{2} \div 2 = \frac{9}{4}$ (cm²) となります。

したがって，面積の和は，

$$36 + 18 + 9 + \frac{9}{2} + \frac{9}{4} = 69\frac{3}{4} \text{(cm}^2)$$

9 (1) 花子さんは，太郎さんが出発してから，$5 + 6 + 5 = 16$（分）後にバスに乗ったので**エ**を選びます。そして，26 分後に太郎さんに追いついて，$\boxed{A}$ 分後にバスを降りているので**オ**を選びます。

(2) **ウ**の部分は，花子さんがバスを待っていて，太郎さんが進むようすを表しています。よって，太郎さんの速さは，

$(6-4) \div (16-11) \times 60 = 24$ (km/時)

エの部分は，バスが太郎さんに追いつくまでのようすを表しています。速さの差は，

$6 \div (26-16) \times 60 = 36$ (km/時) となるので，バスの速さは，$24 + 36 = 60$ (km/時)

(3) 太郎さんは出発してから 5 分後に，

$24 \times \frac{5}{60} = 2$ (km) 進んでいます。

イの部分は，花子さんが太郎さんを追いかけるようすを表しています。2 人の速さの差は，$(4-2) \div (11-5) \times 60 = 20$ (km/時) なので，花子さんの速さは，$24 - 20 = 4$ (km/時)

26 分後に太郎さんと花子さんは家から

$24 \times \frac{26}{60} = \frac{52}{5}$ (km) の地点にいて，40 分後には家から $24 \times \frac{40}{60} = 16$ (km) の公園にいます。

よって，この間のきょりは，$16 - \frac{52}{5} = \frac{28}{5}$ (km)

花子さんは，時速 60km のバスと時速 4km の徒歩を合わせて 14 分間で $\frac{28}{5}$ km 進んでいます。

縦の長さを速さとし，横の長さを時間として，次のような面積図をかいて考えます。

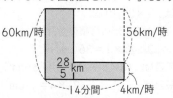

もし 14 分間すべてをバスだけで進んだとすると，$60 \times \frac{14}{60} = 14$ (km) 進んだことになります。実際に進んだのは $\frac{28}{5}$ km なので，その差は $14 - \frac{28}{5} = \frac{42}{5}$ (km) となります。よって，歩いた時間は，$\frac{42}{5} \div (60-4) \times 60 = 9$（分間）

よって，**カ**の部分が 9 分間なので，

$\boxed{A} = 40 - 9 = 31$

(4) (3)より，家から公園までのきょりは 16km あり，次郎さんは，家から $\boxed{I}$ km の地点で忘れ物に気づいたとします。

忘れ物に気づく前の速さは時速 24km で，気づいた後の速さは，$24 \times 1.5 = 36$ (km/時) 次郎さんも 40 分後に公園に着いたので，

$$\boxed{I} \div 24 + \boxed{I} \div 36 + 16 \div 36 = \frac{40}{60}$$

この式を整理すると，$\boxed{\dfrac{5}{72}} = \dfrac{2}{9}$ となるので，

$$\boxed{I} = \frac{2}{9} \div \frac{5}{72} = \frac{16}{5} = 3.2 \text{(km)}$$

> **ここに注意** グラフのアからカまでのそれぞれの部分が表すようすを整理しながら，太郎さん，バス，花子さんの速さを求めていきましょう。